Gert Lindner

Coquillages & bivalves d'Europe

Trouver, reconnaître, rassembler

VIGOT

Sources des illustrations
Photos : toutes par G. LINDNER, sauf p. 17 en bas par F. KÖGEL.
Photo p. 1 à gauche : Turritelle
Photo p. 1 à droite : Coquille Saint-Jacques

Dessins :
Daniela FARNHAMMER
p. 15 d'après G. LINDNER
p. 36 d'après G. LINDNER
p. 64 d'après R. KILIAS (1993)
p. 82 d'après G. LINDNER
H. HOFFMANN : p. 76
G. LINDNER : p. 60 d'après W. E. ANKEL, 1936
p. 72
p. 20 d'après DAUTZENBERG 1913
pp. 42, 44, 66, 86, 90 d'après E. STANFORD, 1873
p. 56 d'après C. NIELSEN, 1975.
Graphisme de couverture : Mafalda Colaço, Éditions Vigot

Pour l'édition originale parue sous le titre
« Muscheln und Schnecken an europäischen Urlaubsstränden »

Adaptation française : Michel CUISIN

BLV Verlagsgesellschaft mbH,
München Wien Zürich
80797 München

Pour la présente édition :

23, rue de l'École-de-Médecine, 75006 Paris, France
Dépôt légal : mars 2004 – ISBN 2 7114 1663 1

Photocomposition : Facompo
Imprimé en France par Clerc

Introduction

Chaque jour, le va-et-vient perpétuel des marées apporte sur les plages toutes sortes de débris, parmi lesquels les coquillages font partie des plus beaux. Le promeneur intéressé ramasse ici une coque, là une huître, un buccin ou, quelques mètres plus loin, une telline rose et il lui est bien difficile de les rejeter... Bientôt, il en a les mains pleines, puis les deux poches et il remplira encore la boîte que la mer lui a, fort opportunément apportée... Revenu à la maison, il examine et trie ses trouvailles, dont la diversité l'étonne et il essaye de les identifier à l'aide des illustrations d'un livre. Il a laissé nombre d'espèces sur le sable, car sur la plage, le vent ou le soleil empêchent souvent de distinguer correctement des détails caractéristiques. Le promeneur se propose alors de faire plus attention la prochaine fois, s'il peut retourner sur les lieux !

La beauté de cette coquille de buccin n'est pas altérée par la cassure.

Laisse de mer sur l'île de Sylt (Schleswig-Holstein, Allemagne).

Sites intéressants en Europe

Outre les côtes françaises de la mer du Nord, de la Manche, de l'océan Atlantique et de la Méditerranée (continent et Corse), celles du nord de l'Allemagne, du Danemark, du sud du Portugal, de l'Espagne, de l'Adriatique, du sud de la Turquie, de Chypre, de la Crète et des autres îles grecques font partie des lieux les plus recherchés pour les vacances et pour l'amateur de coquillages.
Ce dernier devrait toujours visiter les marchés locaux, car, en général, on y voit des espèces des eaux profondes. On peut également trouver des coquillages intéressants près des bateaux de pêche, car ils ont été rejetés.

On trouve des amas de minuscules coquillages dans les petites dépressions du sable à l'embouchure de l'Elbe, près de Cuxhaven (Allemagne).

Mers du Nord et Baltique

Au nord de l'embouchure de l'Elbe (Allemagne), à marée basse, la très large bande de sable et de vase exposée à l'air libre héberge une faune très différente de celle que l'on rencontre sur les plages de sable des îles de la Frise ou des côtes occidentales et orientales du Danemark. Selon la composition des sédiments, on distingue, parmi les espaces accessibles à marée base, des zones de sable, sable vaseux et des vasières proprement dites. Quand la mer monte, elle recouvre ce vaste ensemble appelé mer des Wadden et apporte un grand choix d'espèces, parmi lesquelles on peut citer la Telline balte *(Macoma balthica)*, de l'étage infralittoral, et le Lavignon *(Scrobicularia plana)*, de la vase molle ; des fonds argileux proviennent la Pholade blanche *(Barnea candida)* et la Pholade crépue *(Zirfaea crispata)*, tandis que le Bec de jar *(Mya arenaria)* et la Mye tronquée *(Mya truncata)* sont issus des sables vaseux. Une espèce beaucoup plus commune, l'Hydrobie *(Hydrobia ulva)*, qui ne dépasse guère 8 mm de haut, atteint la densité de 7 000 individus sur seulement 0,1 m^2 (photo). On trouve partout la Coque *(Cerastoderma edule)*, parfois apportée en si grand nombre qu'elle tapisse les parois des rigoles et petits canaux creusés dans les sédiments. Les Moules comestibles *(Mytilus edulis)* sont présentes à proximité de la côte proprement dite.
Sur les plages dont la pente est abrupte, la force des vagues est plus grande que

sur celles qui s'abaissent doucement. Une tempête peut bouleverser les fonds à grande distance et, dans ce cas, de nombreux animaux et végétaux sont rejetés près de la côte. Il s'agit d'algues provenant du littoral anglais et de mollusques qui, eux aussi, ont une lointaine origine, par exemple la Grande cyprine d'Islande *(Arctica islandica)*. Huîtres, peignes, buccins sont des hôtes typiques des eaux peu profondes. La Mactre solide *(Spisula solida)*, le Donax des canards *(Donax vittatus)* et la Bucarde à papilles *(Acanthocardia echinata)* proviennent des fonds situés entre 7 et 40 m. Dans les dépressions et les rigoles plus éloignées de la côte vivent la Turritelle commune *(Turritella communis)* et la Scalaire commune *(Epitonium clathrus)*. La Mactre tronquée *(Spisula subtruncate)* et la Mactre coralline *(Mactra stultorum)* sont deux des Bivalves les plus fréquemment rejetés sur les plages de sable.

Au total, sur les côtes allemandes, il y a environ 130 espèces de mollusques bivalves et gastéropodes, dont plusieurs sont seules présentes dans ce que l'on appelle « la grande dépression », qui atteint 60 m de profondeur, située au sud et à l'ouest de l'île d'Héligoland. Il ne faut pas compter les voir sur les plages.

Dans la Baltique, où se jettent plusieurs grands fleuves et où l'accès à la mer libre et le brassage des eaux ne sont possibles qu'au niveau du Kattegat et des îles danoises, la salinité moins élevée explique la faible diversité des espèces et leurs dimensions inférieures…

Sur les côtes bretonnes, les petites plages de sable alternent avec les rochers granitiques ; on y trouve de nombreux coquillages.

À marée basse, les grèves de Lilia (nord de la Bretagne) sont tapissées d'algues.

Manche et Océan Atlantique

La Manche, qui relie le sud de la mer du Nord à l'océan Atlantique commence, à l'ouest, entre la Cornouailles (Angleterre) et la Bretagne. Elle est caractérisée par ses marées de très forte amplitude (maximum : 14 m dans la baie de Saint-Malo). Autour du Mont-Saint-Michel, à marée basse, la mer se retire sur des kilomètres et découvre une zone amphibie riche en mollusques bivalves et gastéropodes.

Étant donné que la Manche est traversée par une branche du Gulf Stream, la faune des mollusques est différente et surtout plus riche que celle de la mer du Nord. En certaines localités bretonnes (Saint-Jacut-de-la-mer, plage du Rougeret, Saint-Cast-le-Guildo, à l'ouest de Dinard), on a dénombré jusqu'à 200 espèces à marée basse. Certaines ont leurs équivalents en Méditerranée comme le Calliostome (*Calliostoma zizyphinum* : forme conuloide en Bretagne, *C. zizyphinum* en Méditerranée) ou encore la Vénus poule (*Chamelea gallina* forme *stratula* en Bretagne et forme *gallina* en Méditerranée). Parmi les autres espèces de la Manche et de l'Atlantique, la Patelle (Bernique, Flie) *(Patella vulgata)*, la Pourpre petite pierre *(Nucella lapillus)* et le Cormaillot ou Perceur *(Ocenebra erinacea)* sont fréquents.

Les troques sont visibles sur la face inférieure des surplombs rocheux lors des marées de vive-eau (grandes marées) par exemple sur la Grande plage de Saint-Cast-le Guildo, ou, plus à l'ouest sur toute la côte septentrionale, la « côte de granit rose » (de Perros-Guirec à Trébeurden) et de Roscoff à Portsall. Au nord de l'Aber-Wrac'h, à marée basse, la côte est garnie d'algues sur une vaste étendue ; c'est là que vit la Littorine obtuse *(Littorina obtusata)*. À marée basse, aussi, sur le sable des anses, on trouvera des Coques vivantes *(Cerastoderma edule)*, des Couteaux *(Ensis siliqua)* et une Dosine *(Dosinia exoleta)*, qui sont ramassés pour la consommation. De très nombreux Bigorneaux *(Littorines)* (*Littorina neritoides*, *Littorina saxatalis*, *Littorina compressa nigrolineata aux beaux dessins*) occupent les gros blocs de rocher.

Au sud de Brest, sur la côte méridionale de la presqu'île de Crozon, Morgat est une cité très touristique, également

Sur la côte rocheuse de la baie de Morgat, les petites grottes sont accessibles à marée basse ; leurs parois et les blocs voisins sont occupés par plusieurs espèces de patelles.

Coquillages trouvés dans la baie de Morgat.

Côte rocheuse de l'Algarve.

connue pour ses curieuses grottes, dont les parois sont habitées, entre autres, par une patelle *(Patella intermedia)*.

Portugal Ouest et Sud (Algarve)

Il s'agit d'une zone de transition où se rencontrent les aires de répartition des mollusques de l'Atlantique, de l'Afrique du Nord et de la Méditerranée. La richesse en espèces y est très grande (plus de 700 selon une étude récente). Parmi les plus remarquables, on peut citer des tritons (*Charonia lampas*, *Ch. parthenopeum* et *Ch. corrugatum*), une ranelle *(Ranella olearius)*, une astrée *(Bolma rugosa)*, une porcelaine *(Zonaria pyrum)*, une vénus *(Callista chione)*, une volute *(Cymbium olla)*, originaire des côtes du Maghreb et le Murex tinctorial ou Rocher épineux *(Bolinus brandaris)* de Méditerranée. *Patella ulyssiponensis* est une espèce répandue jusqu'en Normandie. Parmi les sites intéressants de l'Algarve on peut mentionner les vasières découvertes à marée basse, les sables des lagunes du parc naturel de Ria Formosa près de Faro, l'île (Ilha) de Farol, accessible par bateau depuis Olhão, ceux de Fuzeta et la Praia de Monte Gordo près de la frontière espagnole ; dans l'ouest, Sagres, petit village de pêcheurs (élevages d'huîtres) et la côte de Praia da Luz près de Lagos.

On trouvera aussi de nombreuses espèces rejetées par les pêcheurs (certaines sont encore présentes dans les filets qui sèchent sur les bateaux tirés sur les plages).

Méditerranée

Les fonds rocheux et les écueils servent d'habitat surtout à de petites espèces à coquille épaisse, solide, telles les troques et les gibbules, capables de résister au choc des vagues ou d'autres, comme les patelles, qui ont un pied adhésif et une coquille aplatie, dont le bord se fixe hermétiquement sur le substrat rocheux. Des Bivalves vivent sur les côtes rocheuses ou sur les fonds durs ; il s'agit d'espèces qui, comme la Moule de Provence *(Mytilus galloprovincialis)*, se fixent sur la pierre avec leur byssus ou qui, telles les Huîtres comestibles *(Ostrea edulis)* et les Jardons *(Spondylus gaederopus)* se collent au substrat grâce à une sécrétion calcaire ou encore s'incrustent dans le rocher, cas des Dattes de mer *(Lithophaga lithophaga)*.

Les fonds sableux sont habités principalement par des espèces qui s'enfouissent entièrement (Bivalves), ou capables de les labourer avec leur pied spécialisé pour obtenir leur nourriture (certains Gastéropodes).

Ces indications suffisent pour montrer la variété des habitats et des espèces qui y sont adaptées. En Méditerranée, le nombre des espèces est trop élevé pour que l'on puisse donner d'autres détails : en Crète, on a compté 100 espèces de Bivalves et de Gastéropodes et 373 sur la côte septentrionale de Chypre, parmi lesquelles plusieurs ne sont pas indigènes dans la Méditerranée. Elles y ont pénétré par le canal de Suez, en provenance de l'océan Indien, ou y ont été entraînées, par exemple un strombe *(Strombus persicus)*, grande espèce devenue commune sur les

Quand les pêcheurs reviennent, on peut leur demander les coquillages pris dans leurs filets et qu'ils s'apprêtent à rejeter.

côtes méridionales de la Turquie, ou *Finella pupoides* (3-4 mm), *Anachis savignyi* (4-6 mm) et d'autres encore.

Un corps mou dans une coquille dure

Depuis Aristote, on distinguait les Bivalves et les Gastéropodes sous le nom de Conchifères *(Testacea)*, d'après leur caractère le plus évident, la présence d'une coquille dure, mais, autrefois, on les séparait d'autres animaux sans coquille – essentiellement les poulpes et certains Gastéropodes marins – que l'on appelait Mollusques *(Malakia)*. Toutefois, quand Georges Cuvier (1769-1832) eut démontré par ses travaux d'anatomie comparée la similitude de leur structure, tous ces animaux furent réunis dans un vaste embranchement, celui des Mollusques *(Mollusca)*. En latin, mollis signifie mou et en grec, malakos a le même sens, c'est pourquoi la science, qui étudie les Mollusques est la Malacologie et ses spécialistes sont les malacologues.

Bivalve ou gastéropode ?

Les uns et les autres sont des animaux invertébrés, au corps mou non segmenté, comprenant quatre parties : la tête, le pied, le sac viscéral et le manteau.

Les gastéropodes

Leur tête, généralement allongée en museau ou trompe, porte une ou deux

Les mares qui subsistent à marée basse sur les côtes rocheuses du sud de Chypre, hébergent de nombreux mollusques.

paires de tentacules (il y a souvent des yeux à leur base ou à leur extrémité). La cavité buccale est remplacée par un élargissement du gosier contenant une radula, lame cornée pourvue de rangées transversales de petits crochets pointus, tournés vers l'arrière, avec laquelle les Gastéropodes râpent la surface de leurs aliments et en détachent des fragments par un mouvement d'avant en arrière de l'organe.

Le pied est généralement une masse musculaire sous laquelle se trouve la sole de reptation ; il a donné leur nom aux Gastéropodes (qui rampent sur le pied). Le plus souvent, le pied porte à son extrémité postérieure un opercule corné ou calcaire, qui peut obturer l'ouverture de la coquille et servir à la défense lorsque le pied est rétracté. Les Gastéropodes respirent au moyen de branchies en aspirant l'eau par une fente de leur cavité palléale (cavité du manteau). Chez les espèces les plus évoluées, cette fente s'allonge en siphon, tube respiratoire plus ou moins grand. Le siphon est souvent protégé par une gouttière située au bord inférieur de l'ouverture de la coquille, le canal siphonal. Au bord supérieur de l'ouverture, il y a, chez nombre d'espèces, une encoche, le sillon anal, par où sortent l'eau de respiration utilisée et les résidus de la digestion, qui se trouvaient dans la cavité palléale.

La coquille des gastéropodes

La plupart des Gastéropodes ont une coquille. On peut se la représenter comme un long tube conique spiralé et enroulé pour économiser la place et mieux répartir la masse corporelle. Les parois du tube proches de l'axe d'enroulement forment la columelle ; chez de nombreuses espèces, celle-ci prend fin au niveau de l'ouverture par le bord columellaire (bord interne), qui est lisse, plissé ou rabattu.

Extérieurement, les tours de la spire se touchent et leur séparation est marquée par un sillon, la suture.

Si les parois ne se touchent pas intérieurement, elles déterminent un espace creux, qui s'ouvre à la base de la coquille par un orifice, l'ombilic ; ce dernier peut être large, étroit, en forme de fente ou de petit trou, partiellement ou entièrement recouvert par une callosité.

La partie la plus ancienne de la coquille est sa pointe (sommet, apex ou tour embryonnaire) ; à l'opposé, la base se prolonge chez mainte espèce par le canal siphonal.

L'ouverture, par laquelle le corps de l'animal peut sortir de la coquille, a un bord externe (labre) et un bord interne (bord columellaire).

La surface de la coquille peut être sculptée dans le sens axial (de haut en bas) ou selon la spirale (suivant les tours de spire). Aux sculptures axiales appartiennent les stries d'accroissement, les plis et les côtes ou cordons ; aux sculptures spiralées, les lignes, anneaux, bandes, carènes. Quand des sculptures des deux types se croisent, elles produisent un aspect treillissé.

Deux termes reviennent souvent dans les descriptions des coquilles : varice (du latin *varix*) et périostracum. Les varices sont les vestiges des épaississements du labre au cours des périodes de croissance ; on les voit sur la coquille de nombreux Gastéropodes ; ce sont en quelque sorte de gros bourrelets.

Le périostracum est la partie la plus externe de la coquille ; c'est une fine couche de substance organique, sous laquelle, au stade embryonnaire, le mollusque commence à produire les couches coquillières. Chez mainte espèce, le périostracum recouvre encore la surface de la coquille de l'animal âgé. Si l'on tient une coquille de telle sorte que sa pointe soit dirigée vers l'extérieur et son ouverture vers les yeux, cette dernière se trouvera en général du côté droit ; une coquille de ce type est dite dextre ; les coquilles sénestres n'existent que chez un petit nombre d'espèces ou sont l'expression d'une anomalie.

Les bivalves

Tout le monde sait que la coquille des escargots est d'une seule pièce et que celle des moules (Bivalves) se compose de deux parties, les valves. Les Bivalves diffèrent aussi par la structure de leur corps : chez eux, la tête se réduit à la partie buccale et il n'y a ni gosier ni radula ; la nourriture, qui pénètre avec l'eau de respiration, est filtrée par les branchies.

La plupart des espèces s'enfouissent dans le substrat à l'aide de leur pied extensible ; d'autres, entièrement sédentaires, se fixent à un support ferme au moyen des filaments de leur byssus (ex. : moules) ou par l'une de leurs valves (ex. : huîtres) ; enfin, il en est qui creusent le bois ou des roches tendres (ex. : dattes de mer). Chez ces deux derniers groupes, les bords des ouvertures inhalante et exhalante du manteau sont étirés en siphons plus ou moins longs, qui peuvent se souder et former un tuyau double rétractable.

La coquille des Bivalves se compose de deux valves reliées dorsalement, près du sommet, par un ligament. Elle est fermée par la contraction des muscles adducteurs ; quand ceux-ci se détendent, les valves s'écartent par le jeu de la partie interne (élastique) du ligament.

La coquille grandit à partir du sommet (également appelé umbo ou crochet) de chaque valve ; ce sommet se trouve généralement (mais pas toujours) près du milieu de la valve et peut être incliné en avant ou en arrière.

Le bord dorsal interne de chaque valve est généralement élargi en « plateau cardinal » pourvu de petites dents et de dépressions, qui s'engrènent dans celles de la valve opposée et forment la charnière.

Sur la face interne des valves, les surfaces d'insertion des muscles adducteurs sont marquées par des « impressions musculaires ». En général, les deux valves peuvent fermer complètement la cavité palléale, mais il y a des coquilles qui restent plus ou moins béantes.

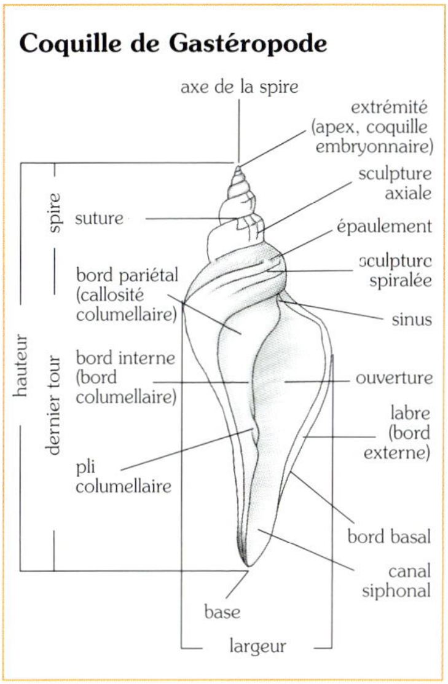

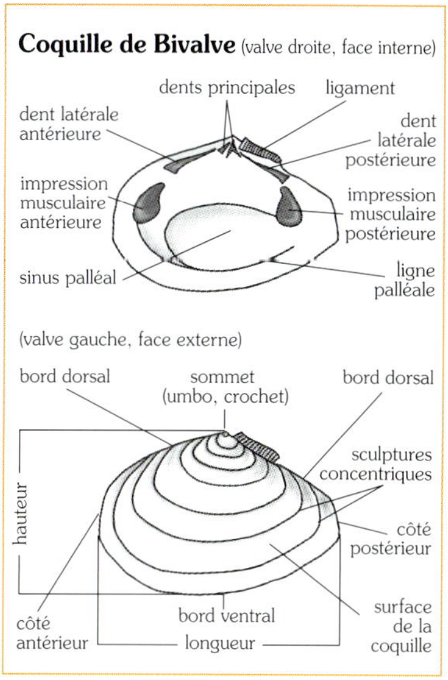

Noms des différentes parties des coquilles (Bivalves et Gastéropodes).

Nettoyage

Il faut enlever les algues et les autres organismes fixés sur les coquillages. Pour ôter les algues calcaires, on emploiera un dissolvant de ménage approprié. En frottant modérément la coquille avec de l'huile de paraffine, on ravivera ses couleurs.

Les Bivalves et les Gastéropodes encore vivants seront tués en les plaçant dans de l'eau bouillante (même procédé que pour leur préparation en « fruits de mer »). On retirera l'animal cuit de sa coquille avec un trombone replié ou tout autre petit crochet et, le cas échéant, on enlèvera les fragments qui pourraient subsister à l'intérieur, en passant la coquille sous un fort jet d'eau.

Préparation d'une collection et identification

Il est essentiel de préparer, pour chaque spécimen, une étiquette qui portera son nom, le lieu d'origine, la date et éventuellement d'autres détails. Il faut aussi prendre l'habitude d'inscrire le nom scientifique en plus du nom vernaculaire (nom français, s'il en existe un). En effet, ce dernier n'a qu'un intérêt local, car il est souvent donné à des espèces différentes, ce qui risque de créer des confusions ; en outre, les noms vernaculaires changent selon les pays, c'est pourquoi, le nom scientifique (couramment appelé nom latin) est indispensable.

Il se compose de deux mots et a une valeur universelle (on trouvera davantage de détails dans le livre de l'auteur intitulé « Guide des coquillages marins », paru aux éditions Delachaux et Niestlé, Paris, 1976). Les espèces qui présentent un certain nombre de caractères communs sont réunies dans un même genre et un ou plusieurs genres forment une famille. Ici, le nom de la famille est mentionné au début de la description de la première espèce de ce groupe.

Placés dans des bocaux en verre, les coquillages ramassés pendant les vacances auront un effet décoratif.

Souvenirs de la mer

C'est le sens de l'esthétique qui vous guidera pour choisir l'emplacement réservé aux coquillages. Les plus grands peuvent être déposés au bord d'un bureau ou sur l'appui d'une fenêtre ; les petits attireront le regard s'ils sont placés sur une assiette de porcelaine blanche. Les enfants peuvent coller leurs coquillages sur des plaques de carton noir ou blanc que l'on entourera d'une baguette blanche, laquée, afin de maintenir le fond et sur laquelle on pourra

Pour conserver les coquillages, on peut les mettre dans des cartons à insectes (plusieurs tailles disponibles).

Avec les coquillages rapportés, les enfants apprendront à distinguer formes et couleurs et à faire des décorations.

placer un couvercle en verre. Les plus ambitieux prépareront des motifs décoratifs avec des coquillages de même forme.

On n'est donc pas loin de petites créations artistiques, mais pour cela, il faut de l'imagination et un certain matériel. On peut aussi confectionner de jolies guirlandes ; pour cela, les valves, percées avec une vrille (ou celles forées par un Gastéropode prédateur) seront enfilées sur un fil de nylon, mais pour éviter qu'elles s'entassent, il vaut mieux les séparer par des perles. En leur passant une couche de vernis à ongle incolore, on fera ressortir leurs couleurs, qui, autrement, paraissent assez ternes.

Exemple de « tableau » composé avec des coquillages rapportés de Scandinavie.

Patelle, Bernique, Flie

Patella vulgata

(en haut)

Empreintes de cette espèce sur une roche calcaire (Normandie)

Famille : Patelles (Patellidae). **Caractères :** Coquille atteignant 60 mm de long, épaisse, conique ; fortes côtes radiales et côtes intermédiaires plus faibles ; sommet presque au milieu ; vert olive ou brun-verdâtre avec taches foncées ; intérieur brillant, impression musculaire en fer-à-cheval. **Biologie :** sur les côtes rocheuses, zone de balancement des marées (= intertidale) ; le jour, fixée au rocher ; la nuit, se nourrit d'algues, en décrivant des cercles, puis revient à son point de départ. Celles qui vivent en profondeur ont une coquille plus basse ; les autres ont une coquille plus haute (espace plus vaste pour l'eau de respiration, ce qui permet de supporter les périodes d'émersion). Le pied exerce une force d'adhésion atteignant 15 kilos. **Répartition :** côtes de la Manche et de l'Atlantique jusqu'au sud du Portugal.

Patella ulyssiponensis

(milieu à gauche)

Caractères : Coquille atteignant 70 mm de long ; côtes plus fines et plus marquées, ou bien coquille plus plate et plus allongée ; sur les côtes françaises, forme *athletica*, blanche ; plus au sud, bandes brun-noir ; intérieur blanc ou jaunâtre avec tache centrale jaune ou orange. **Biologie :** mares de la zone intertidale ; sinon, comme *P. vulgata*. **Répartition :** de la Normandie au Portugal.

Patelle intermédiaire

Patella intermedia

(milieu à droite)

Caractères : Coquille : atteint 50 mm de long, aplatie ; facilement reconnaissable à sa face interne très colorée (tache centrale jaune, orange, brune) ; petites bandes brunes au bord de la coquille. **Biologie :** comme *P. vulgata*. **Répartition :** des côtes ouest de l'Angleterre au sud du Portugal, Bretagne.

Patelle bleue

Patella caerulea

(en bas à gauche)

Caractères : Coquille : atteint 60 mm de long, très plate ; fortes côtes radiales, les intermédiaires plus faibles ; intérieur bleuâtre, irisé ou tacheté de jaunâtre. **Biologie :** comme *P. vulgata*. **Répartition :** surtout en Méditerranée..

Helcion transparent

Helcion pellucidus

(en bas à droite)

Caractères : Coquille : atteint environ 20 mm de long, translucide, lisse, avec stries d'accroissement ; jaune-verdâtre à couleur corne, lignes radiales bleues fréquentes ; sommet proche du bord antérieur. **Biologie :** sur des algues brunes (laminaires). **Répartition :** comme *P. intermedia*. Manche, Atlantique. Protégée en Allemagne (présente seulement sur l'île d'Héligoland).

Ormeau, Gofiche, Oreille de Saint-Pierre

Haliotis tuberculata

(en haut)

Forme lamellosa (Méditerranée) : plus petite, plus plissée.

Famille : Haliotides (Haliotidae). **Caractères :** Coquille : atteint environ 130 mm de long (en Méditerranée, forme *lamellosa* : 30-50 mm), en forme d'oreille, spire très basse mais dernier tour très ample, comportant des perforations alignées, ouvertes seulement sur la partie la plus récente ; chez l'animal vivant, des appendices ayant manifestement une fonction sensorielle, sortent des trous antérieurs ; l'eau de respiration utilisée est rejetée par les trous postérieurs ; surface finement côtelée avec plis radiaux grossiers, espacés ; brun foncé marbré de vert ou de rougeâtre, intérieur nacré. **Biologie :** au-dessous de la zone intertidale, jusqu'à 30 m de profondeur (forme *lamellosa* : entre 1 et 15 m) ; se fixe aux rochers avec son pied très musculeux. **Répartition :** de la Manche au Portugal, Méditerranée *(lamellosa)*. **Note :** chair comestible ; coquilles vides parfois vendues par les pêcheurs.

Diodora italica

(en bas à gauche)

Famille : Fissurelles (Fissurellidae). **Caractères :** Coquille : 30-50 mm de long, treillissée et tuberculée, ouverture anale à l'apex ; blanche ; souvent, bandes fondées rayonnantes à partir de l'apex ; le trou situé un peu en avant du milieu est entouré, intérieurement, d'un cal incomplet en arrière ; face interne porcelanée, bord finement crénelé. **Biologie :** partie inférieure de la zone intertidale et plus bas. Cachée le jour ; la nuit, se nourrit d'algues poussant sur les pierres. **Répartition :** Méditerranée.

Diodora graeca

(milieu à droite)

Caractères : Coquille : environ 25 mm de long, treillissée (sculptures formées de fortes côtes radiales et de côtes concentriques plus faibles) ; brune, souvent plus claire, parfois avec bandes et taches foncées ; trou avant le milieu ; bord interne finement crénelé. **Biologie :** côtes rocheuses, sous les pierres ; zone intertidale : près de colonies d'éponges. **Répartition :** Méditerranée et en France, côtes de l'Ouest et de Bretagne.

Emarginula huzardii

(en bas à droite)

Caractères : Coquille : généralement 8-10 mm de long avec fente antérieure (ouverture anale) ; apex incliné en arrière ; blanche ; surface treillissée. **Biologie :** à faible profondeur, sur fonds durs, notamment sous les pierres. **Répartition :** Méditerranée.

Calliostome

Calliostoma zizyphinum

(en haut)

Famille : Troques (Trochidae). **Caractères :** Coquille : 25-30 mm de diamètre à la base, presque aussi haute que large ; conique ; face inférieure aplatie, bord anguleux, sans ombilic ; ouverture oblique, arrondie-quadrangulaire, nacrée à l'intérieur, son bord tranchant ; tours pourvus de fines côtes spiralées et d'un cordon plus épais au-dessus de la suture ; blanchâtre nuancée de brunâtre, avec taches régulières roussâtres, plus claire sur la face inférieure, avec sillons spiralés réguliers. **Biologie :** sur le sable et les fonds renforcés par divers organismes ; généralement au dessous de 10 m et jusqu'à 300 m. Pour autant qu'on le sache, se nourrit de détritus et d'algues qu'elle broute avec sa radula. Souvent prise dans les chaluts. **Répartition :** cette forme vit seulement en Méditerranée. L'espèce est aussi présente en Manche et dans l'Atlantique.

Calliostoma conuloides

(en bas)

Caractères : diffère de *C. zizyphinum* par sa taille, ses sculptures, sa répartition et sa biologie. Coquille : plus petite (moins de 25 mm de haut et de diamètre) ; côtes spiralées moins nombreuses et plus grossières ; en eau peu profonde, gris-bleuâtre tacheté de violet-roussâtre ; plus bas, rose, pâlissant jusqu'au blanc. **Biologie :** partie inférieure de la zone intertidale et plus bas. En Bretagne, visible lors des grandes marées sur la face inférieure des rochers couverts d'éponges, hydrozoaires et ascidies (on peut en conclure qu'elle s'en nourrit). **Répartition :** de la Norvège aux îles Canaries ; répandue en Bretagne. Absente en Méditerranée. **Note :** les spécialistes ne sont pas d'accord sur sa position systématique : s'agit-il d'une sous-espèce ou d'une forme de *C. zizyphinum* ou bien d'une espèce distincte ? En Méditerranée et sur les côtes européennes de l'Atlantique (des Shetlands et au sud), dans la Manche (mais pas dans la mer du Nord) vit une autre espèce à coquille plus mince, *Calliostoma granulatum*, dont les côtes spiralées sont granuleuses et dont le dernier tour de spire est évasé (ci-contre).

Calliostoma granulatum

Troque mage

Gibbula magus

(en haut)

Fréquente dans les baies à l'ouest du Mont-Saint-Michel.

Famille : Troques (Trochidae). Caractères : Coquille : atteint 28 mm (diamètre) et 25 mm (hauteur) ; tours étagés, surface avec côtes transverses irrégulières, tuberculeuses ; base plate avec côte spiralée plus épaisse au bord ; petite pointe ; suture évidente, grand ombilic en entonnoir ; ouverture oblique, épaissie au bord interne ; intérieur nacré ; coloration variable, fond blanchâtre avec flammèches roussâtres, obliques. **Biologie :** zone intertidale et plus bas ; dans les herbiers de zostères, généralement enfoncée dans le sable. **Répartition :** des côtes de la Manche (Bretagne) jusqu'en Méditerranée

Gibbule (= Troque) cendrée

Gibbula cineraria

(milieu à gauche)

Caractères : Coquille : atteint 20 mm de haut (généralement moins), conique, tours faiblement renflés, base plate ; suture peu profonde ; sculptures spiralées faibles, apex obtus ; ouverture anguleuse, ombilic un peu rétréci ; intérieur nacré ; blanchâtre avec lignes transversales brunes et d'autres, blanches, longitudinales. **Biologie :** bas de la zone intertidale, sur rochers couverts d'algues, dont le mollusque se nourrit. **Répartition :** de la Norvège à la Méditerranée.

Troque ombiliquée

Gibbula umbilicalis

(milieu à droite)

Ombilic : *Gibbula umbilicalis* (à gauche) et *G. pennanti* (à droite)

Caractères : Coquille : atteint 15 mm (diamètre) et 12 mm (hauteur), pointe obtuse ; suture si aplatie que les tours sont à peine délimités ; fines côtes spiralées ; ombilic large et profond . intérieur nacré ; blanc-bleuâtre avec flammèches roux-violacé. **Biologie :** zone intertidale et plus bas ; broute les algues sur les pierres. **Répartition :** Bretagne, côtes de l'Atlantique (France, Angleterre). Absente en mer du Nord. Note : souvent confondue avec *Gibbula pennanti*, de même couleur, même répartition, mais dont l'ombilic est fermé ou très étroit (ci-contre).

Gibbule brûlante

Gibbula ardens

(en bas à gauche)

Caractères : Coquille : 8-16 mm (diamètre), conique, surbaissée ; taches ou flammèches blanches et rousses, intérieur nacré. **Biologie :** à faible profondeur, sur fonds mous ; particulièrement fréquente dans les herbiers de zostères. **Répartition :** Méditerranée.

Gibbula umbilicaris

(en bas à droite)

Caractères : Coquille : 10-25 mm (diamètre), surbaissée, tours arrondis, large ombilic ; brun-roussâtre à brun foncé, taches plus claires fréquentes. **Biologie :** surtout parmi les Posidonies *(Posidonia oceanica)*. **Répartition :** Méditerranée.

Gibbula albida
(en haut à gauche)

Gibbula adansonii
(8-10 mm)

Gibbula adriatica
(9-12 mm)

Famille : Troques (Trochidae). Caractères : Coquille : 10-24 mm (diamètre), spire élevée, tours étagés ; anguleuse à la suture et aplatie latéralement ; chaque tour a 4 bandes spiralées étroites séparées par des intervalles plus larges ; base un peu renflée avec 6 bandes spiralées égales ; grande ouverture arrondie-quadrangulaire ; labre tranchant ; ombilic rétréci ou obturé ; coloration variable, blanche, grise, vert olive, souvent avec des taches brunes sur les parties saillantes et des flammèches en bandes obliques. **Biologie :** eaux proches des côtes, sur le sable, régulièrement parmi les algues du genre *Cystoseira* et dans les herbiers de zostères. **Répartition :** surtout est de la Méditerranée et çà et là sur les côtes de Catalogne (Espagne). Confusion fréquente avec *Gibbula adansonii* et *G. adriatica* (ci-contre).

Gibbula fanulum
(en haut à droite)

Caractères : Coquille : atteint 20 mm (diamètre) et presque aussi haute, conique ; tours faiblement renflés, souvent avec des bosses axiales en saillie à la suture (double carène) ; base renflée avec peu de bandes spiralées ; ombilic en entonnoir ; bord de l'ouverture tranchant ; intérieur nacré ; blanchâtre avec flammèches brun-roux. **Biologie :** eaux peu profondes, sur les récifs et dans les herbiers de Posidonies. **Répartition :** Méditerranée jusqu'au sud du Portugal.

Gibbule écartée
Gibbula divaricata
(en bas à gauche)

•••

Caractères : Coquille : atteint 20 mm (diamètre) ; tours légèrement renflés ; suture incisée dernier tour concave à sa base ; intérieur nacré ; base renflée avec nombreuses bandes spiralées, un peu plus larges que chez l'espèce suivante, *rarilineata* (caractère distinctif) ; ombilic étroit ou complètement obturé ; vert-blanchâtre avec lignes ondulées de points rouge carmin. **Biologie :** à faible profondeur, régulière et fréquente parmi les algues et sous les pierres. **Répartition :** Méditerranée jusqu'au sud du Portugal.

Gibbula rarilineata
(en bas à droite)

Caractères : Coquille atteint 14 mm (diamètre), tours assez aplatis ; bord tranchant à la base, celle-ci est plate ou faiblement renflée et porte des bandes spiralées ; ombilic étroit ou fermé ; coloration semblable à celle de *G. divaricata*, mais ponctuation plus clairsemée. **Biologie** et **Répartition :** comme *G. divaricata*.

Troque épaisse

Monodonta lineata
(en haut)

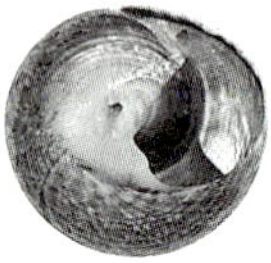

Monodonta mutabilis
(Méditerranée ; surtout Adriatique et côtes sud de la Turquie.)

Famille : Troques (Trochidae). **Caractères :** Coquille : atteint 25 mm (diamètre), aplatie latéralement ; dernier tour et base renflés ; vert olive, entièrement couverte de traits foncés disposés en rangées spiralées ; apex souvent érodé et jaune orange ; base calleuse, blanche ; sans ombilic ; columelle avec épaississement plat, en forme de dent (d'où le nom du genre : *Monodonta* = qui a une dent) ; bord externe (labre) tranchant ; intérieur nacré. **Biologie :** bas de la zone intertidale, sur pierres et récifs, en surface et au-dessous. **Répartition :** Manche (Bretagne), côtes de l'Atlantique (France, Angleterre) jusqu'au Portugal. **Note :** les 3 espèces de *Monodonta* de cette page diffèrent des gibbules surtout par leur taille et leur coquille très épaisse et arrondie. Elles vivent sur pierres et rochers dans l'ensemble de la zone de balancement des marées, c'est-à-dire du niveau le plus élevé jusqu'au plus bas, là où les animaux subissent le choc des vagues et sont tantôt exondés et tantôt immergés. Ce sont donc surtout des espèces solides qui y vivent car elles sont capables de résister aux vagues les plus fortes.

Monodonte en toupie

Monodonta turbinata
(en bas à gauche)

Caractères : Coquille : atteint 30 mm environ (diamètre et hauteur), conique-arrondie, très solide ; tours très renflés, les supérieurs souvent érodés, les suivants avec anneaux spiralés nombreux ; grise, jaunâtre ou verdâtre avec lignes de taches violacées-noires, anguleuses ; bord de l'ouverture tranchant ; intérieur nacré ; sans ombilic ; à la base du dernier tour, épaississement typique en forme de dent ; forme et sculptures très variables. **Biologie :** sous l'eau ; commune sur les pierres, les digues. **Répartition :** Méditerranée jusqu'au sud du Portugal.

Monodonte articulée

Monodonta articulata
(en bas à droite)

Caractères : Coquille : atteint environ 25 mm (diamètre) ; ne diffère guère de *M. turbinata* (ci-dessus) que par sa coloration : lignes spiralées alternées, rougeâtres et blanches. **Biologie :** comme *M. turbinata*. **Répartition :** Méditerranée jusqu'au sud du Portugal.

Astrée

Bolma (Astraea) rugosa
(en haut)

Opercule de Bolma rugosa

Famille : Astrées, turbos (Turbinidae). **Caractères :** Coquille : atteint 60 mm (diamètre), en toupie, parois très solides, avec bandes spiralées tuberculeuses, traversées de fortes stries d'accroissement, souvent écailleuses ; sous la suture, large rangée spiralée de nodosités ; chez les jeunes sujets, appendices épineux à l'arête des tours (érodés en forme de bosses chez les sujets âgés) ; callosité columellaire lisse, roux-orangé ; intérieur nacré ; grise à brun-roussâtre. On trouve souvent l'opercule calcaire, épais, brun dorsalement et brun clair à orangé de l'autre côté (il sert à fermer l'ouverture) ; pas d'ombilic. **Biologie :** régulière sur les fonds rocheux ; de la zone où il y a encore des zostères et jusqu'à grande profondeur. **Répartition :** Méditerranée, sud du Portugal. Parfois vendue sur les marchés.

Phasianelle

Tricolia pullus
(en bas à gauche)

Caractères : Coquille : atteint 8 mm de haut ; 4 tours renflés ; spire courte ; surface lisse et brillante ; ouverture circulaire-ovale ; coloration très variable, blanche, jaunâtre avec nombreux points roux en spirale et, souvent bandes de flammèches plus foncées, fréquemment interrompues. **Biologie :** eaux peu profondes ; régulière et fréquente dans la zone des laminaires, sous les pierres et sur le sable. **Répartition :** surtout Méditerranée, aussi Manche et côtes françaises de l'Atlantique.

Tricolia speciosa

(milieu à droite)

Caractères : Coquille : un peu plus étroite, atteignant 13 mm (hauteur) ; est plus grande que *T. pullus* ; spire plus longue ; coloration très variable ; large bande de flammèches rousses et brunes sous la suture. **Biologie :** parmi les algues et sur le sable, plus rare que *T. pullus*. **Répartition :** Méditerranée.

Nérite émeraude

Smaragdia viridis
(en bas à droite)

Famille : Nérites (Neritidae). **Caractères :** Coquille : 5-9 mm de long, lisse, brillante, ovale, surbaissée ; facilement reconnaissable à sa couleur vert émeraude, toutefois, certains sujets plus clairs, virent au jaune ; souvent avec des lignes foncées ou des bandes sombres interrompues. **Biologie :** eaux salées (toutes les autres nérites européennes vivent en eau douce : rivières, lacs). **Répartition :** Méditerranée, sud du Portugal.

Littorine, Bigorneau, Vignot, Brelin noir

Littorina littorea

(en haut)

sinus (flèche)

Famille : Littorines, bigorneaux (Littorinidae). **Caractères :** Coquille : atteint 30 mm de haut, épaisse, conique-arrondie ; spire basse, dernier tour très ample ; surface généralement lisse ; fines stries d'accroissement ; suture peu profonde mais nette ; stries fines, régulières ; grise ou brune, avec ou sans bandes ; haut de l'ouverture pointu. **Biologie :** zone intertidale ; fixée sur les moules, pierres, digues et zostères ; se nourrit surtout de petites algues et de diatomées qu'elle prend sur le fond ou sur la vase au cours de ses déplacements. **Répartition :** ouest de la Baltique, mer du Nord, et de la Norvège au nord-ouest de l'Espagne.

Littorine comprimée

Littorina compressa

(milieu à gauche)

Littorina saxatilis : sinus

Caractères : Coquille : selon la forme, atteint environ 20 mm de haut, épaisse, tours nettement renflés, à rainures spiralées ; fines stries d'accroissement ; non ombiliquée ; jaunâtre ou blanche, rainures souvent plus foncées (« nigrolineata »). **Biologie :** habitat semblable à celui de *L. littorea* (ci-dessus), mais surtout plus haut et plus au sec. **Répartition :** Iles Britanniques, Normandie, Bretagne. **Note :** il s'agit d'une espèce proche de *Littorina saxatilis*, présente sur les côtes du nord de l'Europe (aussi en mer du Nord et dans la Baltique jusqu'à Rügen), qui diffère de *L. littorera* par le bord externe de l'ouverture presque à angle droit sur le dernier tour.

Littorina neritoides

(milieu à droite)

Caractères : Coquille : atteint environ 7 mm, lisse ; courte spire, dernier tour ample ; brunâtre à gris-bleu. **Biologie :** comme l'espèce précédente, sur les pierres et dans les dépressions humides, au-dessus de la limite moyenne des hautes eaux. **Répartition :** de la Manche à la Méditerranée incluse.

Littorine obtuse

Littorina obtusata

(en bas à gauche et à droite, Bretagne)

Caractères : Coquille : atteint 20 mm (diamètre), globuleuse, apex très aplati ; orange vif jaune, brune ; souvent confondue avec *Littorina fabalis* (= *L. mariae*), de même couleur mais plus petite et plus étroite, qui a la même répartition, mais préfère se nourrir sur *Fucus serratus*. **Biologie :** vit surtout sur *Ascophyllum nodosum* et *Fucus vesiculosus*. **Répartition :** Baltique, mer du Nord, Manche, Atlantique, jusqu'à la Méditerranée incluse.

Turritelle

Turritella communis
(en haut à gauche)

Famille : Turritelles (Turritellidae). **Caractères :** Coquille : atteint 60 mm de haut, très étroite, avec jusqu'à 16 tours régulièrement croissants, pourvus de cordons spiralés et de fines stries d'accroissement ; brun clair à brun-roussâtre, parfois marbrée. **Biologie :** les turritelles vivent enfoncées dans le sable vaseux, l'ouverture juste au-dessous de la surface et elles se nourrissent de particules (régime détritivore), qu'elles obtiennent en créant un courant d'eau avec leurs branchies. **Répartition :** mer du Nord, Manche, Atlantique, Méditerranée.

Cérithe goumier

Cerithium vulgatum
(en haut à droite)

Famille : Cérithes, cornets (Cerithiidae). **Caractères :** Coquille : atteint 60 mm de long, conique ; une rangée de tubercules pointus sur les tours ; grise ou brune, avec rangées de taches et banches irrégulières ; tubercules blancs et bruns ; l'ouverture prend fin par un canal siphonal un peu incurvé. **Biologie :** eaux peu profondes, sur fond de sable ferme ou vaseux. Régime : surtout particules de substances organiques (détritus), diatomées. **Répartition :** Méditerranée et sud du Portugal.

Cérithe des rochers

Cerithium rupestre
(en bas à gauche)

Caractères : Coquille : atteint 25 mm de haut, un peu ventrue ; sur chaque tour, 2 rangs spiralés de faibles bosses ; gris-blanchâtre ponctué et tacheté de brun, bosses blanches. **Biologie :** très commun sur les côtes rocheuses, dans les espaces sableux, parmi les algues et les zostères ; toujours à faible profondeur. **Répartition :** Méditerranée et sud du Portugal.

Bittium reticulatum

(au milieu à droite)

Caractères : Coquille : 8-13 mm de haut, très étroite ; rangées de tubercules inégaux sur les tours ; ouverture échancrée en bas ; brun foncé. **Biologie :** dans les herbiers de zostères et sur les algues brunes ; se nourrit de diatomées et de fragments d'algues, qu'il broute ; très commun. **Répartition :** ouest de la Baltique (jusqu'à la baie de Kiel), mer du Nord, Manche, Atlantique, Méditerranée.

Siliquaire

Tenagodus obtusus
(en bas à droite)

Famille : Siliquaires (Siliquariidae). **Caractères :** Coquille : 4-6 mm (– 10 mm) (diamètre), en forme de tube ; presque régulièrement spiralée dans les premiers tours, puis irrégulière et libre ; une entaille sur la longueur du dernier tour (depuis l'ouverture) ; grisâtre. **Biologie :** mal connue ; sous la zone intertidale. **Répartition :** Méditerranée, jusqu'à l'ouest de l'Afrique.

Strombe

Strombus persicus

(en haut)

Famille : Strombes, ptérocères (Strombidae). **Caractères :** Coquille : atteint 65 mm de haut, biconique ; labre dilaté en aile ; blanche avec taches et bandes brun clair ; ouverture étroite et longue ; bref canal siphonal à l'extrémité inférieure ; détail typique de tous les Strombidae : au bord inférieur du labre, une échancrure par laquelle sort le pédoncule de l'œil droit ; l'animal peut ainsi regarder autour de lui ; les Strombidae n'ont pas de sole pédieuse ; leur pied, divisé, leur permet de se déplacer par à-coups : la partie postérieure avec l'opercule falciforme et pointu servant de levier est enfoncée dans le substrat, la partie antérieure joue le rôle de crampon (ci-contre). **Biologie :** en eau peu profonde, sur fond sableux ; régime : petites algues, détritus végétaux. **Répartition :** originaire du Golfe Persique ; de là, a sans doute été introduit en Méditerranée par des pétroliers : premiers exemplaires signalés en 1983 près des côtes d'Israël et de Turquie méridionale ; depuis, l'espèce s'est largement répandue et a été observée près de Chypre et de Rhodes.

Locomotion : première phase.

Pied de pélican

Aporrhais pes-pelecani

(en bas à gauche)

Caractères : Coquille : 30-45 mm de haut ; 10 tours avec 1-2 rangs de nodosités ; base de la spire lisse ; au niveau de l'ouverture, 3 expansions digitiformes évoquant la forme de la patte d'un oiseau nageur ; long canal siphonal ; blanche, jaunâtre, rose claire ou grise. **Biologie :** sur fonds de sable ou de vase, au-dessous de 10 m ; s'enfonce dans le substrat, comme les turritelles (p. 34) et aspire par les branchies, qui lui servent d'appareil filtrant, un courant d'eau qui apporte les particules alimentaires. **Répartition :** Kattegat, mer du Nord, Manche, Atlantique, Méditerranée.

Aporrhais serresianus

(en bas à droite)

Caractères : Coquille : diffère de l'espèce précédente par les digitations plus fines et plus longues du labre, au nombre de 4, la supérieure accolée à la coquille ; on prend souvent le long canal siphonal pour une digitation. **Biologie :** eaux plus profondes, entre 75 et 2 000 m. **Répartition :** Méditerranée.

Natice chaîne

Euspira catena
(en haut)

Famille : Natices (Naticidae). **Caractères :** Coquille : dépasse 45 mm de haut, globuleuse, spire basse ; surface lisse, tours peu saillants ; ouverture lisse ; stries d'accroissement fines ; beige, gris-blanc ou gris-bleu ; sous la suture, bande de taches obliques, brunes, formant une sorte de chaîne (nom de l'espèce) ; ombilic ouvert, sans saillie interne ; ouverture demi-circulaire, brune à l'intérieur. **Biologie :** régime carnivore : avec son pied dilatable, s'enfonce dans le sable mou et cherche des Bivalves et d'autres Gastéropodes ; perce un trou rond dans leur coquille et absorbe leur chair avec sa trompe ; l'organe perceur se trouve autour de la radula ; le forage dure plusieurs heures, la proie étant maintenue avec le pied. **Répartition :** absente dans la Baltique, mer du Nord, Manche, Atlantique ouest de la Méditerranée ; souvent échouée sur les côtes belges et françaises (mer du Nord, Manche).

Coquilles percées par des natices

Natice bouton

Neverita (Polinices) josephinia
(au milieu)

Caractères : Coquille : atteint environ 35 mm (diamètre), très aplatie, tour inférieur large, surface lisse ; beige clair à brun-jaunâtre à reflets violets, face inférieure blanche ; ombilic très large en grande partie fermé par une callosité brune ; ouverture demi-circulaire, brun foncé à l'intérieur. **Biologie :** prédatrice comme tous les Naticidae. **Répartition :** Méditerranée. **Note :** parfois vendue sur les marchés.

Natice hébraïque

Natica hebraea
(en bas à gauche)

Caractères : Coquille : atteint environ 50 mm (diamètre), globuleuse, dernier tour très grand ; blanche ou gris clair, jaune-orangé sur la face externe des tours, tachetée et flammée de brun ; ouverture brun-violet, base de la spire blanche ; une saillie dans le large ombilic. **Biologie :** prédatrice ; sur fonds vaseux, à grande profondeur ; peu fréquente. **Répartition :** Méditerranée. **Note :** parfois vendue sur les marchés.

Natice mille points

Natica stercusmuscarum
(en bas à droite)

Caractères : Coquille : atteint 50 mm (diamètre), semblable à celle de *N. hebraea* (ci-dessus), mais couverte de très nombreux points brun-roussâtre. **Biologie :** comme *N. hebraea* ; sur fonds sableux et vaseux ; plus fréquente. **Répartition :** Méditerranée. **Note :** parfois vendue sur les marchés.

Cauri

Zonaria pyrum
(en haut)

Détail de l'ouverture

Famille : Porcelaines, cyprées, cauris (Cypraeidae). **Caractères :** Coquille : atteint 30 mm de long, piriforme ; apex invisible car le dernier tour recouvre tous les autres ; dessous avec une longue ouverture en forme de fente, dentée sur les deux bords (bord externe épaissi) ; labre épais, infléchi ; brun-jaunâtre brillant, irrégulièrement tacheté de brun sur le dos, côtés, extrémités et dessous roux-orangé ; la couche brillante de la surface est sécrétée par les lobes du manteau, qui recouvrent la coquille des deux côtés. **Biologie :** sur fonds rocheux et sableux-vaseux ; broute les coraux et les éponges. **Répartition :** Méditerranée et Atlantique proche.

Porcelaine livide

Luria lurida
(milieu à gauche)

Caractères : Coquille : dépasse 30 mm de long, presque cylindrique ; bords de l'ouverture dentés ; spires encore reconnaissable sous une callosité ; brun-roussâtre à gris-roussâtre, extrémités orangées avec 2 taches noires, base claire, dents blanchâtres. **Biologie :** souvent sous les rochers près des colonies d'éponges. **Répartition :** Méditerranée et Atlantique proche.

Porcelaine malpropre

Erosaria spurca
(milieu à droite)

Caractères : Coquille : 20-30 mm de long, piriforme ; gris-blanchâtre tacheté de brun ; dépression brun foncé au-dessus du bord épaissi du labre ; bas brun clair, dents plus pâles. **Biologie :** sur fonds sableux et rocheux. **Répartition :** Méditerranée et Atlantique proche.

Schilderia achatidea

(en bas à gauche)

Caractères : Coquille : 30-40 mm de long ; dessus gris-blanchâtre avec taches brun clair, côtés orangé clair, base blanche ; dents très fines sur le labre. **Biologie :** entre 30 et 80 m de profondeur. **Répartition :** surtout en Méditerranée occidentale.

Grain de café, Porcelaine

Trivia monacha
(en bas à droite)

Famille : Grains de café (Triviidae). **Caractères :** Coquille : atteint 12 mm de long, généralement plus petite, dessus côtelé ; rose, points foncés sur le dos. **Biologie :** fonds rocheux depuis la zone des laminaires et plus bas ; sur les ascidies. **Répartition :** Iles Britanniques ; de la Manche, à la Méditerranée. **Note :** *Trivia arctica*, espèce voisine, est plus petite et n'a pas de taches dorsales foncées.

Casque épineux, Cassidaire

Galeodea echinophora

(en haut)

Famille : Casques (Cassidae). **Caractères :** Coquille : atteint environ 90 mm de haut, solide, renflée, spire basse ; 7 tours à faible épaulement, le dernier particulièrement grand, porte jusqu'à 5 cordons spiralés plus ou moins plats, pourvus de quelques tubercules séparés par des anneaux plus fins ; les cordons sont plus ou moins marqués selon les sujets ; le nombre des tubercules est également variable : il peut y en avoir jusqu'à 20, mais souvent beaucoup moins ; sculptures très variables : certaines coquilles sans tubercules, d'autres ont des rangs de tubercules esquissés et certaines ont seulement des cordons spiralés ; ces dernières sont difficilement séparables de celles de *G. rugosa* si l'on n'a pas d'expérience ; sous le dernier cordon et à la base, les anneaux deviennent plus grossiers et plus égaux ; surface mate ; coquille blanchâtre, beige à brun chocolat, tubercules plus clairs, ouverture blanche ; labre tranchant, légèrement épaissi, dilaté extérieurement, bord interne avec de faibles plis dentelés ; bord columellaire calleux, prenant fin par un épaississement blanc en haut, callosité nulle à la base ; canal siphonal bref, incurvé vers l'arrière. **Biologie :** eaux peu profondes (jusqu'à 10 m) ; fonds sableux ; régime : surtout des oursins percés avec le mufle. **Répartition :** Méditerranée, Atlantique proche (sud du Portugal). **Note :** pêché surtout dans l'Adriatique et en Espagne et vendu sur les marchés.

Ouverture

Galeoda rugosa

(en bas)

Caractères : Coquille : atteint 140 mm de haut, mais généralement plus petite ; forme semblable à celle de l'espèce précédente ; différences : un peu plus étroite, tours sans épaulement, cordons saillants d'épaisseur plus ou moins égale, séparés par de larges nervures ; ouverture comme celle de *G. echinophora*, mais un peu plus étroite et plus nettement dentelée au bord interne du labre ; jaunâtre clair uniforme, ouverture blanche. **Biologie :** eaux profondes (entre 70 et 700 m) sur fonds vaseux. **Répartition :** des Iles Britanniques à la Méditerranée incluse.

Casque saburon

Semicassis saburon

(en haut à gauche)

Caractères : Coquille : 40-70 mm de haut, apex court, dernier tour globuleux ; sculptures régulières (cordons spiralés fins et plats) ; brun clair souvent nuancé de bleuâtre, dernier tour avec 5 bandes spiralées de carrés bruns, qui, au bord de l'ouverture sont remplacés par des taches foncées ; ouverture blanche ; bord du labre épaissi, denté intérieurement et rabattu ; bord columellaire avec plis spiralés irréguliers, en bouclier du côté externe ; canal siphonal incurvé, profondément incisé. **Biologie :** prédateur (se nourrit d'oursins) ; eaux peu profondes, sur tous les types de fonds. **Répartition :** Méditerranée occidentale et Atlantique proche.

Casque sillonné

Semicassis undulata

(en haut à droite)

Caractères : Coquille : dépasse 100 mm de haut, renflée, solide ; sur les tours, larges cordons longitudinaux aplatis, intervalles étroits ; brun clair avec flammèches et bandes brun-roux tous les deux cordons ; au niveau du labre, ces bandes se résolvent en taches quadrangulaires brun foncé ; ouverture blanche ; bord du labre épaissi, fortement denté intérieurement ; bouclier columellaire avec nombreux petits plis et varices. **Biologie :** eaux peu profondes, fonds vaseux et sableux ; régime : se nourrit d'oursins. **Répartition :** Méditerranée occidentale et côtes atlantiques du Portugal. **Note :** vendu sur les marchés.

Dolium géant, Tonne cannelée

Tonna galea

(en bas)

Ouverture

Famille : Tonnes (Tonnidae). **Caractères :** Coquille : mince, renflée, atteignant 250 mm de haut (généralement plus petite) : dernier tour très ample, pourvu de cannelures plates, larges, plus ou moins nombreuses ; suture très profonde entre les tours ; bord de l'ouverture ondulé (extrémité des cannelures) ; blanchâtre à brun-jaunâtre, apex brun foncé. **Biologie :** fonds durs et mous, à grande profondeur ; prédateur (longue trompe protractile) ; régime : échinodermes et autres petits animaux marins, dont il détruit la coquille calcaire avec une sécrétion acide qui, simultanément, paralyse la victime. Cette salive contient de l'asparagine et 2 à 5 % d'acide sulfurique, probablement aussi une neurotoxine. La proie est attaquée de telle sorte que la radula du *Dolium* ne rencontre plus de résistante importante. La sécrétion sert aussi à la défense. **Répartition :** Méditerranée et Atlantique proche.

Triton

Charonia lampas

(en haut)

Triton de l'Atlantique (C. tritonis variegata) : atteint 18 cm de haut ; rare, Méditerranée orientale.

Famille : Tritons (Ranellidae). **Caractères :** Coquille : 115-250 mm de haut et plus, épaisse, fusiforme, dernier tout ventru, canal siphonal bien développé ; sculptures spiralées très marquées, tuberculées, avec une varice au dernier tour ; périostracum vert olive, mais souvent caduc en raison des turbulences du milieu (dans ce cas, il se décolle et se détache facilement sur les coquilles sèches) ; blanche, jaunâtre dans les creux des sculptures, tubercules blancs, taches brunes entre eux, ouverture blanche ; labre denté et brun à l'intérieur columelle blanche avec une tache terminale brune et de nombreux plis. **Biologie :** zone intertidale, fonds sableux et rocheux. prédateur (régime : surtout étoiles de mer). **Répartition :** Atlantique (des Açores et des Canaries jusqu'en Méditerranée à l'est ; aussi dans la Manche. **Note :** dans la mythologie grecque, Triton était un dieu marin, dont la partie inférieure du corps avait la forme de poisson ; il accompagnait les Néréides, filles de Nérée, et soufflait dans un coquillage. Le Triton de l'Atlantique *(Charonia tritonis variegata)* ci-contre, qui vit aussi en Méditerranée, est une sous-espèce du Triton du Pacifique *(Charonia tritonis tritonis)*, présent dans les mers du Sud. *Charonia lampas* était appelé « buccina » par les Romains et employé comme trompe de guerre. Les pêcheurs de Méditerranée s'en servent encore à titre de corne d'appel, après avoir percé un trou dans la spire ; le son émis en soufflant est étouffé mais porte loin (il ressemble au braiment d'un âne).

Ranelle

Ranella olearius

(en bas)

Caractères : Coquille : atteint 200 mm de haut, généralement moins ; 8 tours (ou plus), plus convexes, régulièrement croissants et pourvus de 5 rangs (ou plus) de cordons carénés, séparés par des anneaux plus fins ; ils portent des tubercules ; chaque tour a 2 varices opposées ; blanc-jaunâtre tacheté de brun foncé ; ouverture blanche ; bord externe aplati (avec une varice), dentelé intérieurement ; bord interne (columellaire) plissé ; canal siphonal long, un peu incurvé vers l'arrière. **Biologie :** au-dessous de la zone intertidale, sur fonds sableux ; régime : oursins, étoiles de mer. **Répartition :** Méditerranée et côtes portugaises de l'Atlantique, également çà et là dans la Manche (plus profondément).

Cabestana cutacea
(en haut)

Caractères : Coquille : atteint 90 mm de haut, épaisse, spire courte ; tours étagés avec large épaulement sous la suture et larges cordons spiralés pourvus de tubercules, qui leur donnent un aspect ondulé ; lignes spiralées plus fines dans les intervalles ; chaque tour porte une épaisse varice sur le côté opposé au bord externe primitif de l'ouverture ; brun-jaunâtre dissimulé – chez les coquilles récentes – par le périostracum velouté ; ouverture blanche ; bord externe du labre aplati (varice) avec plis grossiers dentés à l'intérieur ; la callosité rabattue permet de voir le profond ombilic ; étroit canal siphonal légèrement incurvé en arrière. **Biologie :** fonds sableux entre 10 et 60 m. **Répartition :** des Açores et des Canaries jusqu'en Méditerranée occidentale.

Cymatium parthenopeum
(en bas à gauche)

Caractères : Coquille : atteint 150 mm de haut, solide, dernier tour ample ; cordons spiralés tuberculeux séparés par de larges intervalles ; une varice face au bord de l'ouverture ; brun clair, tubercules blancs (coloration cachée par le périostracum velu, qui se détache facilement et ne reste guère en place) ; bord externe de l'ouverture dentelé et blanc à l'intérieur, tacheté de brun ; taches brunes entre les nombreux plis columellaires ; canal siphonal bref, un peu incurvé en arrière. **Biologie :** sur tous les types de fonds, entre 10 et 30 m, peut-être plus bas encore. **Répartition :** Méditerranée occidentale, côtes portugaises de l'Atlantique. **Note :** espèce cosmopolite car ses larves sont planctoniques (de nombreuses sous-espèces ont été décrites).

Triton froncé
Cymatium corrugatum
(en bas à droite)

Caractères : Coquille : 70-90 mm de haut, solide, plus étroite que celle de *C. parthenopeum* ; nombreux cordons spiralés, épais (sur chaque tour, 2 sont pourvus de tubercules) ; une varice sur chaque tour ; blanchâtre, périostracum velouté, brun doré ; bord externe de l'ouverture épaissi, avec dents grossières pointues à l'intérieur, une tache brun-roussâtre à la base de chacune ; bord columellaire plissé. **Biologie :** comme l'espèce précédente. **Répartition :** Méditerranée et côtes portugaises de l'Atlantique.

Murex tinctorial, Rocher épineux, Chicorée

Bolinus brandaris
(en haut)

Forme tuberculée

Famille : Murex, perceurs, pourpres (Muricidae). **Caractères :** Coquille : atteint 100 mm de haut, conique ; épaulement sur les tours supérieurs, le dernier, ample, à double arête ; nombreuses lignes spiralées, denses, qui marquent le bord externe de l'ouverture ; sur l'arête des tours, longues épines ou tubercules obtus (type tuberculé) ; canal siphonal rectiligne et très long, légèrement incurvé seulement à l'extrémité, il peut aussi porter quelques épines ; gris sale, jaune ou brun-jaunâtre, ouverture jaune-orangé. Comme les espèces suivantes (v. *Hexaplex trunculus*, ci-dessous), l'animal vivant a une « glande du pourpre », qui, dans l'Antiquité, fournissait un pigment rouge. **Biologie :** zone intertidale, fonds sableux-vaseux, lieux pollués ; régime : cadavres et Bivalves vivants. **Répartition :** Méditerranée et Atlantique proche (Algarve).

Rocher fascié

Hexaplex trunculus
(en bas)

Forme épineuse

Forme tuberculée

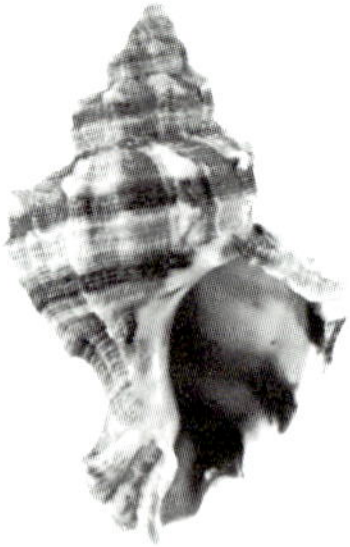

Caractères : Coquille : 40-80 mm de haut, épaisse, tours étagés ; fine sculpture spiralée ; sur les tours, plis épineux ou tubercules (vestiges des anciens bords de l'ouverture : varices) ; blanchâtre, gris clair, brun clair ou foncé ; sur le dernier tour, jusqu'à 3 bandes brun foncé également reconnaissables à l'intérieur de l'ouverture ; bord du labre renforcé ; columelle lisse, limitée par des lamelles autour de l'ombilic ; canal siphonal court, incurvé en arrière ; glande du pourpre présente. **Biologie :** régime : cadavres ; fonds durs, zone intertidale. **Répartition :** Méditerranée et Atlantique proche jusqu'au golfe de Biscaye (limite nord). **Note :** les Romains l'appelaient « Murex ». Une glande de la cavité palléale sécrète un liquide d'abord incolore, mais qui, à la lumière solaire et à l'air, devient jaune-verdâtre puis rouge-violacé. En raison de sa valeur tinctoriale, cette substance (connue dès 1600 ans avant le Christ en Crète) fut très recherchée jusqu'au Moyen-Âge. Elle servait à teindre les vêtements des rois et des religieux, mais il fallait pêcher un très grand nombre d'animaux pour l'obtenir. Leurs coquilles vides forment encore de grands amas dans les ruines des villes de l'Antiquité (ex. le Monte Testaceo à Rome). Actuellement, l'espèce, appâtée avec des poissons et des crabes morts, est vendue sur les marchés pour être consommée.

Cormaillot, perceur

Ocenebra erinaceus

(en haut à gauche)

Forme méditerranéenne

Caractères : Coquille : 20-65 mm de haut, épaisse, de forme variable, rugueuse, à fortes côtes et varices foliacées ; tours étagés, à épaulement ; sculptures spiralées et axiales accusées ; varices obliques, tuberculées ou épineuses, de hauteur variable ; les coquilles de Méditerranée ont une sculpture beaucoup plus marquée que celles du nord de l'aire de répartition (v. ci-contre) ; blanche à gris-jaunâtre, souvent striée de brun foncé ; ouverture blanche ; labre avec une varice large, plus ou moins plissée ; bref canal siphonal un peu incurvé en arrière, ouvert chez les sujets jeunes, obturé chez les plus vieux ; glande du pourpre présente. **Biologie :** zone intertidale ; souvent en grand nombre sur les rochers colonisés par des moules et des balanes ; mange des huîtres. **Répartition :** des Îles Britanniques à la Méditerranée incluse ; largement répandu sur les côtes de la Manche (Bretagne).

Muricopsis cristatus

(en haut à droite)

Caractères : Coquille : haute de 10-30 mm et plus, conique ; cordons spiralés et varices obliques pourvus de tubercules et de plis épineux aux points de rencontre ; très variable ; blanchâtre, jaunâtre, brunâtre ou orange, souvent avec bandes brunes ; bord externe de l'ouverture dentelé intérieurement ; canal siphonal bref et ouvert ; glande du pourpre présente. **Biologie :** zone intertidale, sur fonds pierreux. **Répartition :** toute la Méditerranée et Atlantique proche (au nord jusqu'au golfe de Biscaye).

Pourpre petite pierre, Brelin blanc

Nucella (Thais) lapillus

(en bas)

Pourpre petite pierre se nourrissant de balanes.

Caractères : Coquille : 25-35 mm de haut et plus, épaisse, conique-large, apex bref et pointu ; dernier tour ample ; sculpture et coloration très variables ; en général, cordons spiralés, croisés par des stries d'accroissement irrégulières ; blanchâtre à jaune ou brun clair, souvent avec des bandes spiralées foncées ; extérieur de l'ouverture blanc (intérieur brun) ; bord externe épaissi et dentelé intérieurement ; canal siphonal court et incurvé ; glande du pourpre présente (sécrétion encore employée au XVIIIe siècle par les paysans danois pour teindre leur linge). **Biologie :** zone intertidale, sur les rochers ; avec sa radula, perce les balanes et les moules. **Répartition :** du nord de la Norvège vers le sud (Atlantique) ; commune sur les côtes de Bretagne. Protégée en Allemagne (Héligoland).

Rapana venosa

(syn. : R. thomasiana)

(en haut à gauche)

Caractères : Coquille : jusqu'à 120 mm de haut, solide, ventrue, apex court, tours étagés, le dernier très ample ; cordons spiralés denses, plats, tubercules sur leur épaulement et à la périphérie ; stries d'accroissement axiales et varices aplaties entre les tubercules, surtout au dernier tour ; brun-roussâtre, séries de taches foncées sur les cordons ; très grande ouverture et labre très largement dilaté ; ouverture et columelle rouge-orangé foncé ; canal siphonal bref ; lamelles superposées autour de l'ombilic. **Biologie :** à faible profondeur, sur sable et fonds pierreux. Prédateur (régime : Bivalves et Gastéropodes). **Répartition :** mer Noire, Adriatique. **Note :** espèce vivant au sud de Hokkaido (Japon) ; a vraisemblablement été entraînée en mer Noire après la IIe guerre mondiale avec du naissain d'huître ; depuis 1973, fixée sur la coque des bateaux, a été introduite dans l'Adriatique ; elle endommage les élevages d'huîtres sur les côtes bulgares, roumaines, russes et aussi sur la côte est de l'Italie.

R. venosa de Varna (Bulgarie, mer Noire)

Stramonita haemastoma

(en haut à droite)

Caractères : Coquille : 40-100 mm de haut, épaisse, lourde, dernier tour ample ; plusieurs rangs de tubercules, les plus épais sur l'épaulement des tours ; fins anneaux entre eux ; gris-blanchâtre avec lignes spiralées brunes ; bord des lèvres de l'ouverture orange (plus clairs à l'intérieur) ; canal siphonal bref ; glande du pourpre présente (la sécrétion fut jadis employée comme pigment). **Biologie :** zone intertidale, sur rochers, bancs de moules. **Répartition :** Méditerranée et Atlantique proche (au nord, jusqu'au golfe de Biscaye).

Cône méditerranéen

Conus mediterraneus

(en bas)

Famille : Cônes (Conidae). **Caractères :** Coquille : atteint 60 mm de haut (moins en général) ; tours légèrement renflés, spire très basse ; coloration très variable : fond blanchâtre marqué de brun, vert olive ou de roussâtre, généralement avec une bande claire ; ouverture longue, étroite, à bords aigus, intérieur brun-violacé foncé sauf bord clair. **Biologie :** zone intertidale, sur les rochers et sous les pierres ; régime : vers polychètes. **Répartition :** toute la Méditerranée et côte sud du Portugal (Algarve), commun.

Buccin ondé, Buccin commun

Buccinum undatum

(en haut)

Buccin attaquant une Coque : la partie antérieure du pied est placée sur le Bivalve (en haut), puis le bord de la coquille est inséré entre les valves

(en bas)

Famille : Buccins (Buccinidae). **Caractères :** Coquille : dépasse 100 mm de haut, épaisse, conique-ovoïde ; tours nettement renflés, de dimensions régulièrement croissantes ; sculptures spiralées et stries d'accroissement généralement coupées de côtes axiales (d'où le nom unda : latin onde, vague) ; blanchâtre, jaune, brun clair ou verdâtre, très variable ; large ouverture, bord externe aigu, un peu épaissi chez les vieux sujets ; canal siphonal bref et rectiligne ; périostracum brun (il en reste souvent des bribes sur les coquilles échouées) ; l'animal vivant est blanc-jaunâtre avec points et taches noirs. On trouve souvent, sur les plages, les pontes, masses de capsules jaunâtres associées, grosses comme le poing (en haut à droite sur la photo). **Biologie :** fonds pierreux, sableux, au-dessous du niveau des basses mers et plus bas encore ; régime : surtout cadavres et Bivalves vivants ; l'odeur des cadavres est perçue dans l'eau de respiration ; avec sa longue trompe (radula à l'extrémité), peut arracher des morceaux de chair (grosseur d'une noisette au maximum), qu'il avale entiers ; attend que les Bivalves entrouvent leurs valves après une attaque préliminaire ; à ce moment, insère le bord aigu de l'ouverture de sa coquille dans la fente ; il peut arriver qu'un grand Bivalve parvienne à refermer sa coquille et brise le bord de celle du Buccin ; ces blessures, réparées, sont souvent visibles sur les coquilles. **Répartition :** ouest de la Baltique, mer du Nord, nord de l'Atlantique jusqu'au golfe de Biscaye ; en Méditerranée, il n'y a que des coquilles fossiles. **Note :** souvent dans les filets des pêcheurs de crabes et de poissons plats.

Neptune

Neptunea antiqua

(en bas)

Caractères : Coquille : atteint environ 200 mm de haut, solide, tours renflés, régulièrement croissants ; cordons spiralés et stries d'accroissement fins ; blanchâtre à gris brun clair ; bord externe de l'ouverture aigu, élargi extérieurement. **Biologie :** eaux profondes ; mange surtout des poissons morts. **Répartition :** petits sujets dans l'ouest de la Baltique ; surtout en mer du Nord, Manche, Atlantique jusqu'au golfe de Biscaye. **Note :** le plus grand Gastéropode en mer du Nord. Souvent pris dans les chaluts.

Pisanie

Pisania striata
(en haut à gauche)

Caractères : Coquille : 15-30 mm de haut, fusiforme, arrondie, tours peu renflés ; fines stries spiralées ; blanche à vert olive avec nombreuses bandes brunes ; en général, une bande claire au milieu du dernier tour ; intérieur de l'ouverture brun-violet ; labre épaissi et dentelé ; columelle faiblement plissée. **Biologie :** zone intertidale, sur les rochers couverts d'algues. **Répartition :** commune en Méditerranée et dans l'Atlantique proche.

Pisanie de d'Orbigny

Cantharus dorbignyi
(milieu à gauche)

Caractères : Coquille : environ 20 mm de haut, également fusiforme, mais côtes axiales très marquées et stries spiralées un peu plus faibles ; brun foncé avec une bande spiralée blanche au-dessus de la suture et au milieu du dernier tour ; bord de l'ouverture dentelé. **Biologie** et **Répartition :** comme *Pisania striata*.

Columbelle

Columbella rustica
(en haut à droite)

Famille : Columbelles (Columbellidae). **Caractères** : Coquille : 12-25 mm de haut, lisse, stries spiralées faibles ; blanche ou jaune, généralement tachetée de brun foncé ; bord de l'ouverture dentelé et rabattu vers l'intérieur. **Biologie :** sur les rochers couverts d'algues et sous les pierres. **Répartition :** Méditerranée et Atlantique proche.

Crépidule commune

Crepidula fornicata
(en bas)

Famille : Calyptrées, crépidules (Calyptraeidae). **Caractères :** Coquille : atteint environ 50 mm de long, très aplatie ; dernier tour très grand ; blanchâtre à gris-violacé, tacheté de brun-roussâtre ; ouverture fermée presque jusqu'à la moitié par une cloison (septum) ; périostracum brun-jaunâtre. **Biologie :** zone intertidale ; fixée sur les pierres, la coquille des Bivalves (surtout moules et huîtres) qu'elle concurrence pour la nourriture ; mode de reproduction original : les sujets reproducteurs sont d'abord mâles ; ils rejoignent les femelles déjà fixées, s'accouplent et restent sur leur coquille ; ensuite, ils se transforment en femelles et attendent la venue d'autres mâles ; ainsi se forment de longues chaînes de coquillages (photo). **Répartition :** fréquente en mer du Nord et sur les côtes de l'Atlantique jusqu'au golfe de Biscaye. **Note :** originaire des États-Unis ; introduite vers 1890 en Angleterre avec de jeunes huîtres ; à la suite de cette invasion, des élevages d'huîtres en ont été victimes en Allemagne.

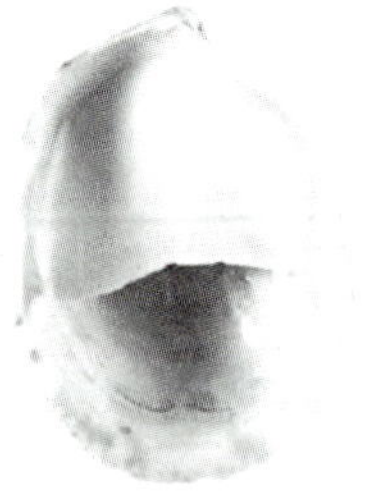

Face inférieure ; la cloison sert à l'insertion du muscle pédieux.

Nasse réticulée

Nassarius reticulatus
(en haut à gauche)

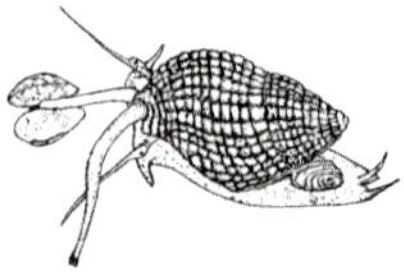

Cette Nasse réticulée mange un Bivalve mort.

Famille : Nasses (Nassariidae). **Caractères :** Coquille : atteint 35 mm de haut, épaisse, côtes axiales et cordons spiralés produisent un treillis (d'où le nom [latin : reticulum = réseau, filet] ; blanc sale ou brune, avec bandes brun violet ; très variable. **Biologie :** zone intertidale, fonds sableux ; surtout charognarde (odorat extrêmement sensible) ; repère les cadavres à distance (jusqu'à 30 m si le courant est favorable) ; plusieurs sujets peuvent ainsi se rejoindre sur une charogne. **Répartition :** de la Norvège à la Méditerranée, ouest de la Baltique.

Nassarius limatus

(en haut à droite)

Caractères : Coquille : environ 30 mm de haut ; côtes épaisses et fines stries spiralées ; blanc ivoire à brun-orangé clair, souvent plus pâle dessous. **Biologie :** comme *N. reticulatus*, mais vit plus profondément. **Répartition** : Méditerranée.

Nasse variable

Nassarius mutabilis
(milieu à gauche)

Caractères : Coquille : 15-35 mm de haut, renflée-globuleuse, apex pointu et suture enfoncée ; fines cannelures spiralées ; jaunâtre à brun clair, taches foncées sous la suture. **Biologie :** eaux peu profondes et calmes, sur le sable. **Répartition :** Méditerranée et Atlantique proche (Algarve).

Nasse petite corne

Nassarius corniculus
(milieu à droite)

Caractères : Coquille : atteint environ 20 mm de haut, lisse, tours peu renflés ; couleur corne à brune, souvent avec des bandes plus claires ; intérieur de l'ouverture brun foncé (bord dentelé. **Biologie :** eaux peu profondes, souvent en grandes colonies. **Répartition :** Méditerranée et Atlantique proche (Algarve)

Nassarius pfeifferi

(en bas à gauche)

Caractères : Coquille : 10-15 mm de haut, tours plus renflés ; lisse et brillante ; claire avec bandes ondulées et longitudinales foncées ; ouverture blanche. **Biologie :** zone intertidale, fonds rocheux, parmi les algues. **Répartition :** Atlantique (sud du Portugal et Maroc).

Nasse épaissie

Nassarius incrassatus
(en bas à droite)

Caractères : Coquille : atteint environ 15 mm de haut ; côtes épaisses et faibles cordons spiralés ; brun-jaunâtre à orange, bandes foncées fréquentes ; bord de l'ouverture blanc, presque circulaire ; souvent, un point noir à la base du bref canal siphonal. **Biologie :** zone intertidale, fonds sableux-vaseux et aussi sous les pierres. **Répartition :** du nord de la Norvège à la Méditerranée incluse.

Buccin corné

Buccinulum corneum

(en haut à gauche)

Famille : Buccins (Buccinidae). **Caractères :** Coquille : 30-70 mm de haut, solide, tours renflés, régulièrement croissants, très délimités ; suture doublée d'un étroit bourrelet ; surface lisse avec stries d'accroissement grossières ; fines cannelures parfois présentes à la base ; blanc-jaunâtre avec flammèches brunes, taches disposées en bande sur le dernier tour ; ouverture et columelle blanc porcelané ; canal siphonal assez long, incurvé en arrière. **Biologie :** zone intertidale et plus bas ; surtout parmi les algues, fonds rocheux ou pierreux. **Répartition :** Méditerranée.

Fasciolaire de Tarente

Fasciolaria lignaria
(syn. F. tarentina)

(en haut à droite)

Famille : Fasciolaires, fuseaux (Fasciolariidae). **Caractères :** Coquille : 40-60 mm de haut, fusiforme, spire élevée et tours étagés ; sur leur épaulement, fortes côtes aplaties du côté inférieur ; brunâtre ou blanc-bleuâtre, côtes claires ; ouverture brun violet au fond ; columelle porcelanée ; canal siphonal assez long ; lamelles superposées autour de l'ombilic (vestiges de l'extrémité du canal aux stades antérieurs). **Biologie :** eaux peu profondes ; le jour, cachée sous des pierres, dans des crevasses ou autres cavités. **Répartition :** Méditerranée.

Fuseau de Syracuse

Fusinus syracusanus

(en bas à gauche)

Caractères : Coquille : 40-55 mm de haut, fusiforme, spire élevée, tours étagés, le dernier anguleux ; fortes côtes axiales et stries spiralées plus fines ; brun-jaunâtre à brun-roussâtre, une large bande blanche colore les côtes axiales sur tous les tours ; canal siphonal moins long que l'ouverture et un peu incurvé. **Biologie :** au-dessous de la zone intertidale ; fonds pierreux et sableux-vaseux. **Répartition :** Méditerranée, îles Canaries.

Fuseau à bec

Fusinus rostratus

(en bas à droite)

Caractères : Coquille : 35-65 mm de haut, tours renflés, arrondis ou étagés ; fortes côtes axiales et stries spiralées plus ou moins aiguës, qui, sur les épaulements et au-dessus des côtes, forment des épines ; blanc-jaunâtre à brun clair ; canal siphonal rectiligne, étroit, plus long que l'ouverture. **Biologie :** comme *F. syracusanus*. **Répartition** : Méditerranée, îles Canaries.

Janthine commune

Janthina janthina

(en haut)

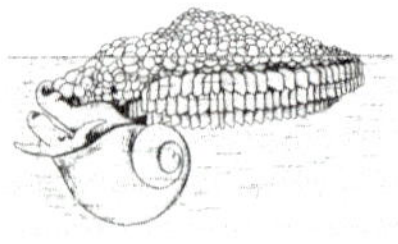

Janthine avec le radeau sous lequel pendent des capsules d'œufs (oothèques).

Famille : Janthines (Janthinidae). **Caractères :** Coquille : 25-30 mm de diamètre, mince, turbinée-arrondie ; courte spire, columelle longue et tordue ; dessus violet clair, dessous violet foncé. **Biologie :** avec des bulles d'air et un mucus durci, chaque animal fait un radeau auquel il se fixe par le pied pour toute sa vie (ci-contre) ; l'adulte ne peut pas nager et, s'il est détaché, il coule et meurt ; régime : vélelles (Cnidaires, Hydrozoaires, Chondrophores), congénères et autres organismes planctoniques, qu'il maintient avec sa radula, découpe ou avale entiers s'ils sont très petits. **Répartition** : toutes les mers chaudes ; pélagique, souvent échouée en grand nombre sur les côtes (ex. Atlantique, Méditerranée, Algarve).

Scalaire commune

Epitonium clathrus

(milieu à gauche)

Famille : Scalaires (Epitoniidae). **Caractères :** Coquille : atteint environ 40 mm de haut, turriculée, tours fortement renflés, se touchant peu ; chacun a jusqu'à 9 côtes lamelleuses ; blanc-jaunâtre avec taches roussâtres à brunes ; ouverture presque circulaire. **Biologie :** régime : prédatrice, se nourrit d'actinies (anémones de mer) ; au-dessous de 15 m. **Répartition :** mer du Nord, Manche, Atlantique, Méditerranée.

Scalaire échelle

Gyroscala lamellosa

(syn. Scala commutata)

(milieu à droite)

Caractères : Coquille : 20-40 mm de haut ; comme celle de l'espèce précédente sauf que les lamelles sont hautes et aiguës ; gris-brunâtre, lamelles blanches. **Biologie :** sur sable, vase, à partir des eaux peu profondes. **Répartition :** Méditerranée.

Epitonium pulchellum

(en bas à gauche)

Caractères : Coquille : environ 12 mm de haut, tours très renflés, lamelles fines, filiformes ; surface brillante, blanc porcelané. **Biologie :** entre 20 à 40 m de profondeur. **Répartition :** Méditerranée et Atlantique proche.

Opalia crenata

(en bas à droite)

Caractères : Coquille : atteint environ 20 mm de haut ; tours un peu plus aplatis, échancrés en couronne à la suture ; faiblement côtelée seulement sur les tours supérieurs ; blanchâtre. **Biologie :** eaux peu profondes, sous les pierres. **Répartition :** Méditerranée occidentale et Atlantique proche.

Arche de Noé

Arca noae

(en haut)

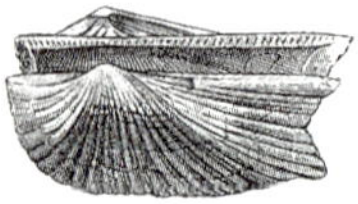

Bord cardinal

Famille : Arches (Arcidae). Bivalves. **Caractères :** Coquille : atteint 120 mm de long, rectangulaire, sommets tournés en avant ; grande dépression dorsale limitée par une carène ; bord cardinal long, rectiligne avec très nombreuses dents égales ; du côté ventral, ouverture pour laisser passer le byssus ; côtes radiales issues des sommets ; stries d'accroissement concentriques ; blanchâtre avec bandes de taches obliques, brunes et dessin rhomboïdal brun sur la face dorsale ; intérieur également tacheté de brun. **Biologie :** zone intertidale ; fixée aux pierres par son byssus. **Répartition :** Méditerranée et Atlantique proche.

Glycyméris

Glycymeris glycymeris

(milieu à gauche)

Famille : Glycymeris (Glycymerididae). **Caractères :** Coquille : 40-80 mm de diamètre, épaisse, presque circulaire ; stries d'accroissement concentriques ; charnière avec courtes dents obliques par rapport au bord cardinal ; blanc-jaunâtre à brun-orangé, tacheté de brun-roux ; périostracum mou, brun foncé ; intérieur blanc, souvent tacheté de brun-violet (en Méditerranée, mat, au bord, brillant porcelané). **Biologie :** à faible profondeur, sur sable vaseux et galets. **Répartition :** Manche, Atlantique, Méditerranée.

Glycymeris pilosa

(milieu à droite)

Caractères : Coquille : 40-80 mm ; sculpture très fine, périostracum épais, velu ; brun-roussâtre avec des dessins foncés et une grande tache brun-violet sur la face interne. **Biologie :** comme *Glycymeris g.* **Répartition :** Méditerranée et Atlantique proche

Glycymeris bimaculata

(en bas à gauche)

Caractères : Coquille : de 70 à plus de 100 mm ; la plus grande et la plus lourde des Glycymerididae ; large bord cardinal ; lignes radiales et stries d'accroissement très fines ; périostracum foncé, souvent érodé ; brun clair ou avec espaces plus foncés, intérieur tacheté de brun-violet. **Biologie :** comme *Glycymeris g.* **Répartition :** Méditerranée et Atlantique proche

Glycymeris insubrica

(en bas à droite)

Caractères : Coquille : 30-70mm ; faibles côtes radiales et fines stries d'accroissement ; périostracum fin et brun ; gris-violet, intérieur blanc. **Biologie :** comme les autres *Glycymeris*. **Répartition :** Méditerranée et Atlantique proche.

Moule comestible, moule commune

Mytilus edulis

(en haut)

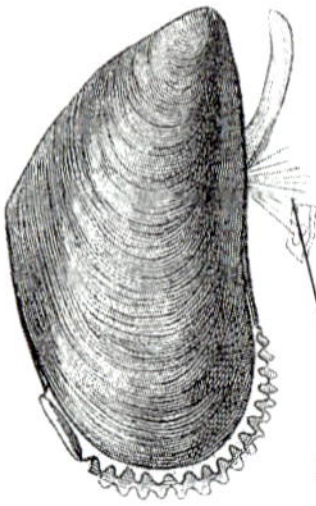

Moule fixée par son byssus.

Famille : Moules (Mytilidae). **Caractères :** Coquille : dépasse 100 mm de long (généralement plus courte), ventrue, pointue en avant, élargie en arrière ; sommets presque à la pointe ; charnière réduite à quelques encoches (pas de véritables dents) ; pourpre – brunâtre, bleue à bleu-noir ; les jeunes sont aussi brunâtres avec des stries radiales foncées ; périostracum mince et brun ; intérieur nacré, blanc et bleu ; impression musculaire postérieure bleu foncé. **Biologie :** eaux peu profondes et en bas de la zone intertidale ; fixée par son byssus sur les rochers et autres substrats durs ; en colonies très denses (bancs) ; pas de siphons ; filtre sa nourriture dans l'eau libre ; coquille fermée, supporte bien l'exondation à marée basse. **Répartition :** mer du Nord, Manche, Atlantique, Méditerranée (de l'océan arctique au Portugal). **Note :** consommée dans de nombreux pays européens. Élevée dans des bouchots (mytiliculture) : Bretagne, Charente, etc.

Moule de Provence

Mytilus galloprovincialis

(en bas à gauche)

Caractères : Coquille : 60-100 mm de long ; forme et couleur comme *M. edulis*, mais sommets plus pointus, un peu recourbés et ligne dorsale plus anguleuse. **Biologie :** comme celle de *M. edulis*. **Répartition** : de la Bretagne à la Méditerranée incluse. **Note :** souvent considérée comme une sous-espèce de *Mytilus edulis*.

Moule barbue

Modiolus barbatus

(milieu à droite)

Caractères : Coquille : 30-65 mm de long, un peu renflée derrière les sommets ; ligne dorsale obtuse, bord postérieur arrondi ; stries d'accroissement concentriques, rugueuses ; périostracum brun, velu à l'extrémité large ; charnière sans dents ; brun-roussâtre, intérieur nacré, gris-bleu. **Biologie** : zone intertidale ; fixée par son byssus sur le fond pierreux ; souvent cachée parmi les algues et dans les fentes de rocher. **Répartition** : de la Bretagne à la Méditerranée incluse.

Moule de l'Adriatique

Modiolus adriaticus

(en bas à droite)

Caractères : Coquille : 20-50 mm de long, mince, semblable à *M. barbatus* ; périostracum lisse ; brun clair avec rayons roussâtres partant des sommets ; intérieur bleu chatoyant. **Biologie :** près des côtes, fixée par son byssus. **Répartition :** des Îles Britanniques à la Méditerranée incluse.

Jambonneau hérissé

Pinna nobilis

(en haut)

Famille : Pinnes, jambonneaux (Pinnidae). **Caractères :** Coquille : atteint 800 (1 000) mm de long, mince, pointue en avant, arrondie et béante en arrière ; jeunes sujets couverts de piquants creux (photo), érodés chez les adultes, qui ont des écailles sur les stries d'accroissement ; couleur corne à brun-roussâtre, intérieur nacré, brun ou roussâtre. **Biologie :** souvent à faible profondeur, près des herbiers de zostères, entre les pierres, galets, sur la vase ; enfoncée par la pointe dans le sable et fixée par un long byssus ; jadis, le byssus était tissé pour faire des gants. **Répartition :** Méditerranée. **Note :** une espèce plus petite (120-230 mm) existe sur les côtes françaises de l'Atlantique et de la Méditerranée *(Pinna pectinata)*.

Datte de mer

Lithophaga lithophaga

(en bas à gauche)

Pour obtenir la coquille il faut casser la pierre, l'extrémité de la galerie étant seule visible.

Famille : Moules (Mytilidae). **Caractères :** Coquille : dépasse 80 mm de long, mince, allongée, arrondie aux deux extrémités ; stries d'accroissement concentriques et fines, de courtes rainures les coupent ; brun-jaunâtre à brun foncé, intérieur nacré à reflets bleuâtres à roses. **Biologie :** commune sur les côtes rocheuses ; zone intertidale et jusqu'à 100 m de profondeur ; avec une sécrétion acide produite par le bord du manteau, creuse des galeries dans les roches calcaires et ne les quitte pas ; on s'aperçoit qu'elle ne fore pas la roche en se tournant au fait que le périostracum reste présent ; jadis on croyait qu'elle mangeait le rocher (d'où son nom, tiré du grec). **Répartition :** Méditerranée et Atlantique proche. **Note :** parfois vendue sur les marchés.

Huître perlière

Pinctada radiata

(en bas à droite)

Famille : Avicules, huîtres perlières (Pteriidae). **Caractères :** Coquille : environ 50-70 mm, presque circulaire, avec prolongements auriculés du bord cardinal rectiligne ; très fragile ; lamelles dressées au bord ; jaune-brunâtre et pourpre, intérieur nacré sauf une large bordure couleur corne et violette. **Biologie :** au-dessous de la zone intertidale, sur substrat dur, fixée par son byssus. **Répartition :** Méditerranée. **Note :** espèce originaire de la mer Rouge et de l'océan Indien, qui a pénétré en Méditerranée quelques années après l'ouverture du canal de Suez.

Peigne

Pecten jacobeus
(en haut à gauche)

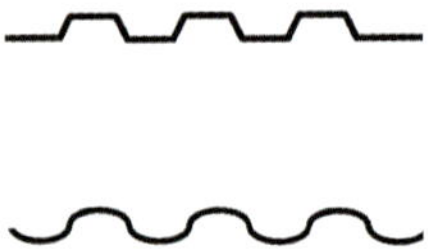

Profil du bord des valves chez P. jacobeus (en haut) P. maximus (en bas)

Famille : Peignes, vanneaux, spondyles (Pectinidae). **Caractères :** Coquille : atteint 125 mm ; valve droite plus bombée que la gauche, plus plate ; plis rayonnants réguliers ; valve droite blanche à rose, la gauche brun-roux. **Biologie :** valve droite enfoncée dans le substrat mou de telle sorte que la gauche affleure à la surface. **Répartition :** Méditerranée (pas dans l'Atlantique). **Note :** Linné a peut-être été incité à donner ce nom à cette espèce en raison de la coutume répandue chez les pèlerins à Saint-Jacques-de-Compostelle (Espagne) de fixer une coquille à leur bâton. Ce faisant, il confondit l'espèce méditerranéenne avec la véritable Coquille Saint-Jacques (ci-dessous)

Coquille Saint-Jacques

Pecten maximus
(en haut à droite)

Caractères : Coquille : atteint 130 mm ; semblable à l'espèce précédente, mais plis rayonnants arrondis et non pas anguleux. **Biologie :** identique. **Répartition :** côtes européennes de l'Atlantique ; particulièrement pêchée à Saint-Quay-Portrieux (Côtes d'Armor).

Aequipecten opercularis

(en bas à gauche)

Caractères : Coquille : atteint environ 80 mm ; valve droite un peu moins bombée que la gauche ; « oreille » antérieure de la valve gauche avec une échancrure (passage du byssus) ; blanche à roussâtre jaune, violette, très variable. **Biologie :** d'abord fixée sur substrat dur, puis libre ; peut nager à reculons en ouvrant et fermant alternativement ses valves et en rejetant avec force l'eau inhalée entre les « oreilles » (propulsion par réaction). **Répartition :** de la Norvège à la Méditerranée incluse, Kattegat, Héligoland (mer du Nord). **Note :** souvent vendue sur les marchés en Bretagne.

Peigne glabre

Chlamys glabra
(milieu à droite)

Caractères : Coquille : atteint 70 mm ; plis rayonnants aplatis ; stries d'accroissement concentriques ; blanche, jaune-brunâtre, roussâtre, violette, souvent tachetée. **Biologie :** sur sable et pierres. **Répartition :** Méditerranée et Atlantique proche.

Pétoncle, Peigne variable

Chlamys varia
(en bas à droite)

Caractères : Coquille : atteint 60 mm, un peu plus haute que large ; plis rayonnants serrés, fortement écailleux ; orange-roussâtre, violet foncé. **Biologie :** libre ou fixée par son byssus. **Répartition :** de la Norvège à la Méditerranée incluse.

Pied d'âne, Jardon

Spondylus gaederopus

(en haut)

Famille : Spondyles (Spondylidae). **Caractères :** Coquille : 50 à 120 mm ; lamelles concentriques ; côtes radiales pourvues d'épines irrégulièrement disposées ; dessus rouge pourpre, valve inférieure parfois blanche, ses lamelles blanches ; très variable ; intérieur blanc sauf bord roux et dents de la charnière brunes. **Biologie :** eaux peu profondes, sur substrat dur, fixée par son byssus. **Répartition :** surtout Méditerranée et côte est de l'Algarve.

Huître portugaise

Crassostrea angulata

(en bas à gauche)

Famille : Huîtres (Ostreidae). **Caractères :** Coquille : 30-180 mm de long ; lamelles de croissance concentriques, feuilletées, bords renflés, plissés ; blanc-jaunâtre à brune, avec taches violet foncé, intérieur blanc ; impressions musculaires brunes. **Biologie :** en eau peu profonde ; fermement fixée au substrat par une sécrétion calcaire ; vit en bancs. **Répartition :** à l'origine, côtes portugaises et espagnoles (ouest) ; introduite ailleurs (Angleterre, France) pour être élevée (ostréiculture). *Crassostrea gigas*, espèce japonaise, est aussi élevée en Europe (distinction difficile). Huître portugaise introduite en France en 1866.

Huître comestible, Huître plate, Belon

Ostrea edulis

(milieu à droite).

Coquille d'Huître échouée en mer du Nord (île de Sylt, Allemagne)

Caractères : Coquille : 80-100 mm (sujets d'élevage), jusqu'à 250 mm (sujets sauvages), plus ou moins arrondie ; valve inférieure (renflée) côtelée avec lamelles de croissance concentriques ; valve supérieure (plate) sans côtes (seulement des lamelles concentriques) ; bords feuilletés, minces et ondulés ; blanc sale à gris-bleuâtre, claire ou avec taches foncées. **Biologie :** comme *Crassostrea angulata*. **Répartition :** vit en banc et dans les élevages (côtes de l'Atlantique et de la Méditerranée). **Note :** Jadis il y avait aussi des bancs naturels sur les côtes allemandes, mais ils furent presque réduits à néant après une exploitation excessive aux XVIIIe et XIXe siècles. Cette espèce et la précédente vivent, çà et là, à l'état sauvage sur les côtes françaises.

Anomie pelure d'oignon

Anomia ephippium

(en bas à droite)

Famille : Anomies (Anomiidae). **Caractères :** Coquille : 40-70 mm, mince, irrégulièrement arrondie ; la valve droite, qui épouse la surface du substrat, est pourvue d'une ouverture pour le byssus calcifié ; blanche, jaune ou rose. **Biologie :** fixée. **Répartition :** de la Norvège à la Méditerranée incluse.

Coque, Bucarde, Sourdon

Cerastoderma edule

(en haut)

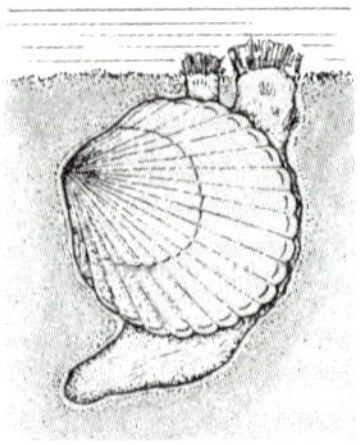

Coque enfoncée.

Famille : Bucardes, coques (Cardiidae). **Caractères :** Coquille : 30-40 mm de haut, épaisse, ventrue, en forme de cœur (vue de côté) ; sommets élevés ; côtes rayonnantes denses, relativement plates, pourvues d'écailles transversales ; blanchâtre, jaune, brun clair ou foncé, intérieur blanc, souvent tacheté au bord postérieur. **Biologie :** eaux peu profondes ; enfouie verticalement sous la surface des sédiments mous ; seuls les courts siphons atteignent l'eau libre (ci-contre). Peut fuir en bondissant de plusieurs centimètres grâce à son pied coudé qu'elle allonge et rétracte. **Répartition :** Baltique, mer du Nord, Manche, Atlantique pas en Méditerranée. **Note :** vendue sur les marches.

Cerastoderma glaucum

(milieu à gauche)

Caractères : Coquille : comparée à celle de *C. edule*, un peu plus petite, moins épaisse, elliptique-large, très variable ; côtes plus ou moins carénées, lisses et souvent brillantes (intervalles plus larges entre elles) ; même coloration. **Biologie :** tolère une eau peu salée. **Répartition :** Baltique, mer du Nord, de la Norvège à la péninsule ibérique, Méditerranée. **Note :** souvent confondue avec *C. edule*.

Acanthocardia paucicostata

(milieu à droite)

Caractères : Coquille : 20-40 mm assez mince ; côtes rayonnantes peu nombreuses, carénées, avec courtes pointes ; intervalles ridés transversalement. **Biologie :** sur fonds vaseux. **Répartition** : de la Manche à la Méditerranée incluse.

Coque hérissée

Acanthocardia echinata

(en bas à gauche)

Caractères : Coquille : 40-80 mm ; au milieu de chaque côte rayonnante, carène portant de courtes pointes obtuses ; blanche, jaunâtre ou brune. **Biologie :** au-dessous de 4 m, fonds sableux ou vaseux. **Répartition :** mer du Nord, Manche, Atlantique, Méditerranée. **Note :** vendue sur les marchés (la suivante aussi).

Coque tuberculée

Acanthocardia tuberculata

(en bas à droite)

Caractères : Coquille : semblable à la précédente (taille et forme), mais, sur les côtes, des tubercules peu saillants ; intervalles des côtes ridés ; blanche à brun clair ou foncé, souvent avec des bandes brun foncé. **Biologie :** comme *A. echinata*. **Répartition :** des Îles Britanniques à la Méditerranée incluse.

Bucarde épineuse

Acanthocardia aculeata

(en haut)

Épines incurvées sur le bord postérieur

Caractères : Coquille : 40 à plus de 100 mm, relativement mince mais solide ; cordiforme-oblique, un peu renflée au niveau des sommets ; bord antérieur arrondi, le postérieur assez rectiligne ; coquille un peu béante en arrière ; jusqu'à 22 côtes rayonnantes renflées, chacune avec un étroit sillon longitudinal garni de nombreuses épines crochues, surtout à l'avant et à l'arrière des valves ; côtes sans épines au milieu des valves ; en arrière, les épines sont plus longues et courbes ; intervalles étroits et carénés (entre les côtes) ; stries d'accroissement concentriques ; blanchâtre ou brun clair, parfois avec des bandes brunes ; intérieur blanc ; côtes perceptibles sur la face interne. **Biologie :** comme les autres coques, en eau peu profonde ; enfouie dans le sable ou la vase. **Répartition :** surtout péninsule ibérique, sud du Portugal et Méditerranée. **Note :** parfois vendue sur les marchés.

Acanthocardia spinosa

(en bas)

Épines élargies à l'arrière.

Caractères : Coquille : 60-100 mm ; diffère de la précédente par son contour un peu plus quatrangulaire, ses côtes plus serrés et ses nombreuses et courtes épines ; en arrière de la charnière, bord postérieur anguleux, tronqué et rectiligne ; bord antérieur arrondi, formant presque un quart de cercle ; 33 à 37 côtes rayonnantes, bombées, avec (comme chez *A. aculeata*) un sillon médian garni (du milieu de la coquille et vers l'arrière) de nombreuses pointes à base arrondie et extrémité dentelée ; au bord antérieur, ces épines sont plus ou moins élargies en spatules ; coloration semblable à celle de *A. aculeata*, blanchâtre à brun clair, parfois tachetée de brun ; intérieur blanc, côtes perceptibles. **Biologie :** au-dessous de la zone intertidale et jusqu'à plus de 200 m ; fonds sableux, vaseux ou de galets ; moins répandue qu'*A. aculeata*. **Répartition :** surtout en Méditerranée.

Mactre coralline

Mactra stultorum
(syn. M. corallina, M. cinerea)
(en haut)

Mactre coralline : forme cinerea

Famille : Mactres (Mactridae). **Caractères :** Coquille : généralement 30-60 mm, mince, dure mais très cassante, très renflée, arrondie-anguleuse à elliptique ; fines lignes concentriques ; surface lisse et brillante ; periostracum mince, gris sale, généralement persistant sous forme de bribes sur les bords ; blanchâtre à jaunâtre, souvent avec des bandes rayonnantes brun-roussâtre ou claires ; intérieur blanc nuancé de violet. **Biologie :** comme *Cerastoderma edule* (p. 76), enfoncée dans le sable, ses courts siphons affleurant l'eau libre ; surtout vers 10-20 m de profondeur ; sujets vivants et coquilles vides parfois échoués en grand nombre. **Répartition :** mer du Nord, Manche, Atlantique, Méditerranée (manque dans la Baltique). **Note :** les coquilles sans bandes rayonnantes ou présentant d'autres différences minimes étaient, jadis, considérées comme des espèces distinctes (ci-contre).

Mactre glauque

Mactra glauca
(en bas à gauche)

Caractères : Coquille : atteint 120 mm, peu renflée ; couleur et forme comme *M. stultorum*, mais en diffère par sa taille très supérieure. **Biologie :** comme *M. stultorum*, mais jusque vers 50 m de profondeur. **Répartition :** de la Manche à la Méditerranée incluse.

Mactre solide

Spisula solida
(milieu à droite)

Caractères : Coquille : 30-50 mm, très épaisse, ovale-triangulaire ; stries fines, irrégulières, concentriques, stries d'accroissement bien marquées, à intervalles plus larges ; périostracum mince ; blanche-jaunâtre, souvent tachetée de brun ou de brun-noir. **Biologie :** au-dessous de la limite des basses eaux, dans le sable grossier ; fuit l'attaque des natices (p. 38) en faisant de petits sauts à l'aide de son pied. **Répartition :** mer du Nord, Manche, Atlantique ; présence en Méditerranée douteuse.

Mactre tronquée

Spisula subtruncata
(en bas à droite)

Caractères : Coquille : 15-30 mm, moins épaisse, triangulaire, gris-jaune, brun clair ou foncé. **Biologie :** dans le sable mou, fin et vaseux ; commune là où sa nourriture abonde ; échappe aux Gastéropodes prédateurs en faisant de petits sauts. **Répartition :** Baltique, mer du Nord, Manche, Atlantique, Méditerranée.

Couteau, Manche de couteau

Ensis siliqua

(en haut à gauche)

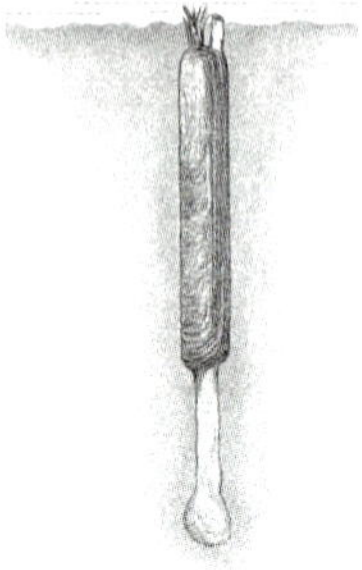

Couteau enfoncé dans le sable

Famille : Couteaux (Solenidae). **Caractères :** Coquille : atteint 220 mm de long, rectiligne ou à peine incurvée ; extrémités béantes, arrondies et obliques ; sommets près du bord antérieur ; surface luisante ; coloration divisée en deux parties par une ligne diagonale issue du coin antérieur et allant au coin postérieur : blanchâtre avec des taches ou stries brun-roussâtre plus ou moins perpendiculaires au bord dans la partie dorsale et parallèles au bord du côté ventral ; intérieur blanc-bleuâtre ; périostracum couleur corne. **Biologie :** dans le sable ; enfoncé danss une galerie verticale, seuls ses courts siphons atteignent l'eau libre (ci-contre) ; dérangé, peut descendre dans sa galerie grâce à son pied dilatable, qui lui permet de s'appuyer aux parois ; très sensible aux variations de la salinité de l'eau (à marée basse, on peut le forcer à sortir en versant un peu de sel dans les deux trous de respiration). **Répartition :** Manche, Atlantique, Méditerranée.

Ensis directus

(en haut à droite)

Caractères : Coquille : atteint 170 mn de long, légèrement incurvée mais bords presque parallèles ; uniformément grise ou roussâtre. **Biologie :** comme *E. siliqua* (ci-dessus). **Répartition :** en grand nombre sur les côtes danoises et sur les îles allemandes de la Frise septentrionale, Sylt et Amrum, ainsi qu'à St-Peter Ording sur la côte du Schleswig-Holstein, plus au sud. **Note :** Originaire d'Amérique, espèce introduite vers 1978 sur les côtes allemandes où elle s'est rapidement propagée.

Couteau bordé

Solen marginatus

(en bas à gauche)

Caractères : Coquille : atteint environ 140 mm de long ; extrémités béantes, comme chez les espèces ci-dessus ; bords supérieur et inférieur parallèles ; jaunâtre ou brun clair, intérieur blanc porcelané ; périostracum clair. **Biologie :** de la limite des basses eaux à 20 m ; dans le sable. **Répartition :** Bretagne, Atlantique, Méditerranée. **Note :** parfois vendu sur les marchés (Méditerranée).

Gousse

Pharus legumen

(en bas à droite)

Famille : Pharus (Pharidae). **Caractères :** Coquille : environ 90-100 mm de long, très mince, fragile, béante et arrondie aux deux extrémités ; périostracum fin ; blanchâtre. **Biologie :** zone intertidale et au-dessous, dans le sable pur. **Répartition :** des Îles Britanniques à la Méditerranée incluse.

Telline balte

Macoma balthica

(en haut)

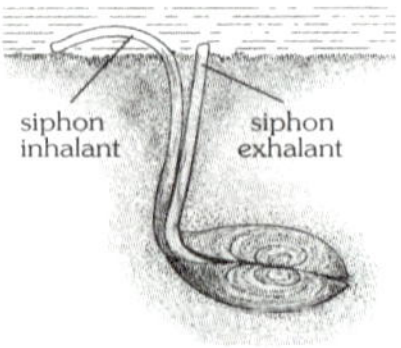

Avec son siphon inhalant, la Telline aspire les particules alimentaires présentes dans le sable.

Famille : Tellines (Tellinidae). **Caractères :** Coquille : atteint 30 mm, inégalement renflée, en demi-cercle à l'avant, légèrement anguleuse à l'arrière et à peine incurvée vers la droite ; stries concentriques ; blanche, rose, jaune, rousse, couleurs souvent disposées en bandes. **Biologie :** zone intertidale et plus bas, fonds sableux ; enfoncée latéralement dans le substrat, la valve renflée en bas, à faible profondeur ; pour se nourrir, étire ses siphons très mobiles à la surface du sable et aspire les aliments en suspension dans l'eau de respiration ou ceux qui se trouvent à la surface et à leur portée (ci-contre). **Répartition :** Baltique, mer du Nord, Manche, Atlantique jusqu'à la péninsule ibérique. **Note :** les tellines sont souvent capturées par les natices (p. 38), on trouve alors sur les plages leurs valves percées.

Telline délicate, Papillon

Tellina tenuis

(milieu à gauche)

Caractères : Coquille : 20-25 mm, mince, plate, tronquée en arrière et légèrement incurvée vers la droite, très variable ; surface lisse ; blanche, jaune, orange, rose, bandes plus foncées fréquentes. **Biologie :** comme *M. balthica* ci-dessus. **Répartition :** Baltique (jusqu'à la baie de Kiel), Manche, Atlantique, Méditerranée.

Telline aplanie

Tellina planata

(milieu à droite)

Caractères : Coquille : dépasse 60 mm de long, ovale, très plate et mince, anguleuse à l'arrière ; fines stries concentriques ; blanche, jaune-orange vers le milieu. **Biologie :** comme *M. balthica* (ci-dessus). **Répartition :** Méditerranée, côtes portugaises.

Telline épaisse

Tellina crassa

(en bas à gauche)

Caractères : Coquille : dépasse 40 mm de long, solide, presque circulaire ; valve droite un peu plous renflée que la gauche ; stries concentriques régulières ; blanchâtre, parfois avec rayons roussâtres. **Biologie :** sur fonds sableux. **Répartition :** Manche, Atlantique. Absente en Méditerranée.

Donax des canards

Donax vittatus

(en bas à droite)

Famille : Donax (Donacidae). **Caractères :** Coquille : 20-40 mm de long, tronquée-oblique en arrière, cunéiforme ; très fines stries rayonnantes ; bord inférieur finement dentelé ; blanche, jaunâtre ou brune ; rayons blancs fréquents. **Biologie :** à partir du niveau des basses mers et au-dessous ; sur le sable ; commun. **Répartition :** mer du Nord, Manche, Atlantique, Méditerranée.

Lavignon

Scrobicularia plana

(en haut à gauche)

Structure typique de la surface.

Famille : Lavignons (Semelidae). **Caractères** : Coquille : atteint 60 mm, mince, ovale, comprimée, légèrement béante aux extrémités ; stries concentriques ; périostracum foncé, souvent partiellement persistant ; blanc crayeux à blanc sale ou jaunâtre ; intérieur blanc. **Biologie :** enfoncé dans la vase (à environ 15 cm) ; tout comme les tellines, aspire les particules organiques à la surface grâce à son long siphon inhalant. **Répartition :** ouest de la Baltique, mer du Nord, Manche, Atlantique, Méditerranée. **Note :** souvent vendu sur les marchés dans le Midi. Espèce typique des plages de vase molle.

Solecurtus

Azorinus chamasolen

(en haut à droite)

Famille : Solecurtus (Solecurtidae). **Caractères** : Coquille : atteint environ 40 mm de long, allongée, assez fragile, arrondie et béante aux deux extrémités ; stries d'accroissement irrégulières ; périostracum épais, brun-jaunâtre, souvent érodé près des sommets ; entièrement blanche. **Biologie :** dans le sable ou la vase, à partir de 5 m de profondeur. **Répartition :** Manche, Atlantique, côtes portugaises, Méditerranée. **Note :** parfois dans les filets des pêcheurs.

Solecurtus étrillé

Solecurtus strigilatus

(en bas à gauche)

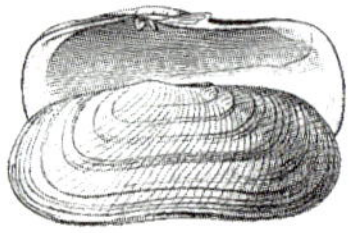

Structure typique de la surface.

Caractères : Coquille : 50-90 mm de long, solide, ovale-allongé, très renflée, arrondie et béante aux extrémités ; bords aigus ; stries d'accroissement irrégulières et fines stries obliques ; périostracum foncé ; rose clair avec 2 bandes blanches divergentes, partant de chaque sommet ; l'animal est bien plus long que sa coquille et il la dépasse en avant et en arrière. **Biologie :** dans le sable, la vase ; enfoui à environ 20 cm de profondeur ; entre 2 et 15 m de profondeur. **Répartition :** Méditerranée et Atlantique proche (sud du Portugal).

Psammobie déprimé

Gari depressa

(en bas à droite)

Famille : Psammobies (Psammobiidae). **Caractères :** Coquille : atteint environ 70 mm, souvent plus petite, plus ou moins comprimée, arrondie à l'avant, un peu tronquée à l'arrière ; légèrement béante aux extrémités ; stries d'accroissement concentriques et fines lignes rayonnantes ; vestiges fréquents du périostracum ; blanchâtre avec bandes violet-roussâtre issues des sommets. **Biologie :** comme *Solecurtus*. **Répartition** : Manche, Atlantique, Méditerranée.

Grande cyprine d'Islande

Arctica (Cyprina) islandica

(en haut)

Spécimen de la côte ouest du Danemark (Esbjerg).

Famille : Cyprines (Arcticidae). **Caractères :** Coquille : atteint environ 130 mm de diamètre, presque circulaire, épaisse, très lourde, ventrue, sommets rapprochés, incurvés en avant ; robuste charnière ; stries d'accroissement concentriques, grossières ; périostracum luisant, d'abord brun clair puis brun foncé à noir, souvent fibreux quand il se détache sur les stries d'accroissement ; blanc crayeux à jaunâtre, intérieur blanc. **Biologie :** enfoncée peu profondément dans le sable vaseux ; en mer du Nord, surtout au-dessous de 40 m, dans la Baltique, dès 11 m ; supporte l'eau peu salée ; ne reste pas enfoncée mais vient de temps à autre à la surface, sans doute pour absorber davantage d'oxygène. **Répartition :** ouest de la Baltique, mer du Nord, Manche, Atlantique jusqu'au golfe de Biscaye.

Cœur de bœuf

Glossus humanus
(= Isocardia cor)

(en bas)

Vue de face, la forme en cœur est évidente

Famille : Glossidae. **Caractères :** Coquille : atteint environ 100 mm, globuleuse, assez mince mais solide ; forme de cœur (vue d'avant ou de l'arrière) ; sommets inclinés en avant, enroulés et écartés ; surface lisse avec fines stries d'accroissement concentriques ; blanche à brun clair, intérieur blanc ; périostracum épais, d'abord jaune-verdâtre puis brun foncé (adultes). **Biologie :** généralemnet en eau calme sur fond sableux-vaseux ou de vase molle, le plus souvent à grande profondeur. **Répartition :** du sud-est des Îles Britanniques, à la péninsule ibérique et Méditerranée. **Note :** l'une des plus remarquables espèces de nos côtes, plus fréquente dans le golfe de Gascogne, sur la Costa Brava et dans le sud de l'Adriatique ; vivant en profondeur, on ne la voit pas sur les plages ; elle est parfois remontée dans les filets des pêcheurs. Seule espèce du genre en Europe.

Vénus, Cythère fauve

Callista chione

(en haut)

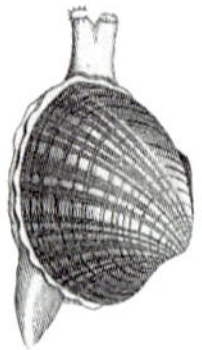

Vénus vivante.

Famille : Vénus, praires, palourdes (Veneridae). **Caractères :** Coquille : de 60 à 100 mm de long, ovale-oblique, épaisse, bords lisses, sommets très renflés, inclinés en avant ; fortes dents sur la charnière ; stries d'accroissement irrégulières ; périostracum mince, brillant, transparent, qui, s'il est intact, embellit la coquille ; brun clair à brun-roussâtre avec rayures concentriques plus foncées et bandes rayonnantes issues des sommets ; intérieur blanc. **Biologie :** eaux peu profondes, faiblement enfoncée dans le sable. **Répartition :** de la Bretagne à la Méditerranée incluse (où elle est parfois vendue).

Vénus poule

Chamelea gallina

(milieu à gauche)

Caractères : Coquille : atteint 45 mm de long, épaisse, bords lisses, sommets inclinés en avant ; côtes concentriques irrégulières ; blanchâtre à brun clair, bandes ou lignes en zigzag brunes, issues des sommets. **Biologie :** comme *Callista chione* (ci-dessus). **Répartition :** Méditerranée et Atlantique proche. **Note :** *Chamelea striatula*, commune en mer du Nord et dans la Manche, est désormais considérée comme une sous-espèce de *C. gallina*.

Praire, Vénus à verrues

Venus verrucosa

(milieu à droite)

Caractères : Coquille : atteint 70 mm, épaisse, presque circulaire ; fortes sculptures concentriques, verruqueuses à l'arrière ; blanc, jaunâtre, parfois tachetée de brun ; intérieur blanc porcelané. **Biologie :** eaux peu profondes, dans le sable, commune. **Répartition :** Manche, Atlantique ; largement répandue en Bretagne et en Méditerranée ; absente en mer du Nord.

Clovisse losangé

Tapes rhomboides

(en bas à gauche)

Caractères : Coquille : 50-70 mm de long ; cordons concentriques aplatis ; luisante, blanchâtre ou brun clair, dessins bruns en zigzag fréquents. **Biologie :** comme *Venus verrucosa* (ci-dessus). **Répartition :** Manche, Atlantique, Méditerranée. *Venerupis pullastra*, la Palourde poulette, espèce semblable, est présente dans la Manche et l'Atlantique. **Note :** vendu sur les marchés comme d'autres Tapes.

Dosine

Dosinia exoleta

(en bas à droite)

Caractères : Coquille : atteint 60 mm, épaisse, presque circulaire ; stries concentriques étroites et stries d'accroissement plus espacées ; blanche à brun clair, rayons et zigzags bruns fréquents. **Biologie :** zone intertidale, fonds sableux. **Répartition :** Manche, Atlantique, Méditerranée ; déterrée pour être consommée.

Mye, clanque

Mya arenaria

(en haut à gauche)

Elle périt si un bouleversement du fond l'éloigne de la surface ; les coquilles vides échouées sur les plages, témoignent de ces accidents.

Famille : Myes, clanques, becs de jar (Myidae). **Caractères :** Coquille : atteint 150 mm de long, arrondie en avant, effilée en arrière, béante aux extrémités ; dans la valve gauche, dépression en forme de cuiller contenant une partie du ligament de la charnière ; blanc sale, souvent tachetée de brun, intérieur blanc crayeux, périostracum mince, brun sale. **Biologie** : eaux peu profondes ; dans le sable ou le sable vaseux ; les adultes, enfoncés jusqu'à 30 cm de profondeur, restent en relation avec la surface par un tube corné contenant les siphons ; si le sable est ébranlé, par exemple quand un promeneur passe, l'animal rétracte ce tube et rejette l'eau qu'il contenait. **Répartition :** Baltique, mer du Nord, Manche, Atlantique.

Mye tronquée

Mya truncata

(en haut à droite)

Caractères : Coquille : environ 70 mm de long, semblable à la précédente mais plus rectangulaire (bord postérieur tronqué) ; extrémité antérieure arrondie, la postérieure très béante. **Biologie :** comme *M. arenaria* (ci-dessus), mais peut rétracter complètement ses siphons dans sa coquille. **Répartition :** ouest de la Baltique, mer du Nord, Manche, Atlantique jusqu'au golfe de Biscaye.

Pholade blanche

Barnea candida

(en bas à gauche)

Famille : Pholades (Pholadidae). **Caractères** : Coquille : dépasse 60 mm de long, mince, allongée, bord antérieur arrondi ; sommet dans la moitié antérieure ; à ce niveau, valve repliée extérieurement en lame parallèle écartée ; côtes concentriques et rayonnantes munies d'aspérités aux points de section ; blanche. **Biologie :** eaux peu profondes ; creuse l'argile, la tourbe, ou les roches calcaires en les râpant avec les aspérités de sa coquille et en se tournant. **Répartition :** ouest de la Baltique, mer du Nord, Manche, Atlantique et Méditerranée.

Pholade crépue

Zirfaea crispata

(en bas à droite)

Caractères : Coquille : atteint 90 mm de long, pointue en avant et arrondie en arrière, très béante aux extrémités ; bord dorsal antérieur entièrement replié jusqu'au sommet ; stries concentriques, faibles en arrière, en lamelles ondulées à l'avant ; labre divisé en 2 parties par un sillon allant du sommet au bord opposé ; blanche. **Biologie :** à partir de la limite des basses eaux ; dans l'argile, la tourbe, les roches calcaires. **Répartition :** ouest de la Baltique, mer du Nord, Manche, Atlantique jusqu'au golfe de Biscaye.

Index

[illegible]
[illegible]